Becky 生活食事

念念不忘潮州菜

陳粉玉 著　萬里機構．飲食天地出版社出版

念念不忘潮州菜

編著
陳粉玉

主編
鄭雅燕

翻譯
梁月華

攝影
幸浩生

封面設計
吳明煒

版面設計
萬里機構製作部

出版
萬里機構‧飲食天地出版社
香港鰂魚涌英皇道1065號東達中心1305室
電話：2564 7511　　傳真：2565 5539
網址：http://www.wanlibk.com

發行
香港聯合書刊物流有限公司
香港新界大埔汀麗路36號中華商務印刷大廈3字樓
電話：2150 2100　　傳真：2407 3062
電郵：info@suplogistics.com.hk

承印
凸版印刷（香港）有限公司

出版日期
二〇一五年二月第二次印刷

萬里機構

萬里 Facebook

myCOOKey.com

出版的話

截至2011年年底，香港這個彈丸之地的持牌食肆近12,000家（調查數據顯示，2011年香港有港式快餐店約6500間，快餐店有2500間，中式酒樓有2300間），整個餐飲營業額達900億港元。所以說香港人喜歡飲飲食食，實不為過。當然，香港絕大多數人對飲食的追求也不是只求裹腹這般簡單。就算是生活緊絀的小市民，也知道不能每餐都只吃杯麵和罐頭，必須尋找新鮮有益的食材來保障家人的健康。更何況是稍有經濟能力的？

就在飲食網站發展蓬勃的同時，香港人也不會一味地以貴價的食材作「識食」的標準。如何滿足身心靈需要？如何吃得健康又環保？怎樣吃出食物鮮味與層次？這些都不只是在飲食節目中聽主持們侃侃而談了，而是日常生活裏，早就存在許多嗜吃又會吃的平民食家。

食是維繫家庭關係的重要元素，做得一手好菜的媽媽總會讓子女急不及待的回家，會讓家人無論在天涯海角，縱使不在一起生活，都是念念不忘的。出版此系列的目的，當然並非純為讀者提供食譜，我們也期盼能與大家分享如何透過飲食維繫家庭關係、教養孩子、傳承文化、傳遞價值觀，並希望無論寫的讀的、做菜的用餐的都能從中獲得身心靈的滿足。也許，這就是香港新一代飲食文化其中一個重要元素吧！

本書部分名詞附有潮州語發音，在內文以 🔊 符號表示。
可透過附錄部分的QR code收聽收看作者示範讀音。

陳序 ——
回味……

2008年，媽媽離世。一年後，我構思了此書目錄，剛下筆抒解了思念媽媽之情，之後等候多年，只為將潮州家庭的飲食生活痛痛快快地公諸同好；在此，感謝我第一本著作《香港特色小吃》擔任編輯的鄭雅燕小姐與及資深飲食攝影師幸浩生先生再度拔刀相助，還有萬里機構出版有限公司答允出版，讓此書可以順利誕生。在拍攝食譜及製作過程中，腦中不時泛起數十年前與媽媽在廚灶旁邊一起弄粿物、糕點和小吃的日子，彷彿媽媽仍在身旁，真的百般滋味在心頭。

我十分懷念出嫁前的日子，在家任勞任怨，聽教聽話，被媽媽當為「妹仔」用，我也樂此不疲地做家務，總覺得當時的日子過得既簡單又快樂。沒想到這十多年的灶頭生活，為我往後的家政教學奠下了紮根的基礎。感謝媽媽的栽培。

寫此書的目的，在懷念媽媽之餘，是希望能傳承經典的潮州家常食品，以免這方面的文化失傳。抱歉的是，身為土身土長的香港潮州妹，還不曾在潮州的家鄉住過，所以此書是以第一身記述媽媽留給我的潮州傳統食品與家庭文化，而非以學術性地研究潮州飲食文化為目的。

未認識潮州家常飲食的讀者，盼望能藉此多作了解；若是潮州讀者，期盼得到大家的共鳴，享受其中。讓我們或多或少，從中憶起媽媽所做的菜的滋味，能再吃到的便用心感受欣賞；無法再在世間吃到的，也能感恩曾經擁有，又或能拿起本書食譜依法泡製，從煮到吃一起回味媽媽曾經為着家庭和你所付出過的，點點滴滴，回味再回味。

鄭序 ——
我與潮州飲食文化

誰會想到，粉玉（Becky）第一本食譜書《香港特色小吃》可以暢銷十多年，我着實替她感到欣喜。這十多年裏面，Becky 和我見證着對方在人生裏的轉變，當中的苦與甜，都使我和 Becky 對彼此有更深的認識和信賴。

當食譜書編輯一段時間後，我轉而在出版行業的其他範疇中發展，無法為她多做幾本食譜，只是偶爾推波助瀾式的協助她與不同的合作伙伴出版食譜。2009年，她提到很想找我和她一起出版這本潮州菜食譜，為要把媽媽傳承給她的好滋味，與讀者共享，我怎不會支持？

然而，當時我的小女兒出生還不到一歲，無奈下迫使 Becky 一等再等。如今趁孩子們都上學了，我可以和 Becky 並肩而行，一起將家庭飲食文化和教養點滴與讀者交流交流，真令人感恩。我暗自承諾，要在可行的情況下加倍努力地幫助 Becky 圓這個夢，以感謝她的賞識，也不辜負她多年的耐心等待。

在此書製作的同時，也勾起我年輕時期許多美好的回憶，我不得不提認識了廿多年的死黨阿素，她也是個潮州妹。想當年，我常常厚顏無恥地上她家吃「百有」（伯母）做的雞翼，難得的是「百有」和她的兄姊對我的包容和忍耐，讓我在動盪的年青時期，得到許多換不回來的溫暖和關懷，實在是感激萬分。當然，她家裏各式各樣的潮州食品、潮州茶、潮劇、滿天神佛等文化，還有我那些有限公司式、似是而非的潮州話，都是這些年「沉淫」而來，想來該是為着今天的投入而有的人生經歷。

別說 Becky 邊做邊想起她媽媽，我邊吃她做的潮州菜，邊編輯着她的食譜，都會想起「百有」和許多人與事，容讓我在這裏向遙遠的「百有」說感激。

目錄

一

鹹雜

鹵水什錦

潮州粥

小時候，早上醒來一張開眼便有一煲潮州粥放在桌上，這煲粥由早至晚放着，桌上還會有一煲鹵水豬肉、幾碟鹹雜，好像鹽脆花生、黑豆球 ◀))、春菜煲、凍魚、麻葉 ◀))、鹹橄欖、鹹菜，還有冰冷的雜魚。媽媽從早到晚忙着，清洗豬腸、豬肺，又切又洗，日曬夜曬(蘿蔔乾、芥蘭條、魚乾、梅菜乾、菜乾)，日醃夜醃⋯⋯自我懂事以來，我特別投入這許多廚務中，不知就裏，這些漸漸成為了我日常的玩意，讓我自得其樂。

烏橄欖

鹽脆花生

日常生活就是如此，一起床便有得吃，可謂不愁飲食。雖然現今看來這些鹹雜色彩暗淡，都是粗茶淡吃，但卻是潮州家庭簡樸生活的基礎。這裏介紹的四款鹹雜，是佐潮州粥的恩物。吃出清鹹味，而更多的是家鄉之味。

南薑末鹹菜粒

Salted Mustard with Mashed Galangal

小時候，家裏還沒有冰箱；
媽媽會用三個原始的方法為食物保鮮：

1. 曬乾：以太陽曬乾。

2. 醃漬：用鹽來醃製食物，能長時間保存食物。

3. 高溫消毒：如果是剩菜，與及用筷子翻過的東西，貯存之前都要煲滾。再煲的
   時候不要蓋好，因為有倒汗水流入會使食物變質。

到我上了中學，五年的家政科理論考試中，也包含這些經媽媽口傳所得的知識，
而我對這門學科也都胸有成竹，想來媽媽的功勞可不少。試想想，以前的人已懂
得利用陽光、海水中抽取的鹽分與及透過柴火等大自然的珍貴資源來保存食物，
這些生活智慧仍然可用於今天的日常烹調中，所以除了感謝媽媽，也得感謝上天
的賜予，讓我們能學會欣賞和珍惜這些古舊天然的食物保存好方法。

材料

包心大芥菜(切粒)(300克)

粗鹽 (1湯匙)

南薑末 (2湯匙)

Ingredients : 300g large mustard , 1Tbsp coarse salt , 2 Tbsp mashed galangal

做法

1 將大芥菜粒置竹箕內，抹平，風乾半日。

2 將風乾好的大芥菜粒用乾布抹淨，加入粗鹽抹勻，醃3-4小時。

3 把醃好的大芥菜粒拌入南薑末，即成。

小提示

通常在潮州酒家都可以吃到這道餐前小吃，如今發現可以自家製後，會不會引起你入廚的興趣？有時胃口欠佳，取一小碟來伴飯伴粥，也很能激發食慾的。

1. 大芥菜一定要風乾好，如此才可以保存更長時間。

2. 進食前可加少許糖來調味。

Method

1 Mustard diced, placed on bamboo sieve. Spread evenly, drain, let cool for half day.

2 Wipe mustard with a dry cloth. Combine mustard with coarse salt, marinate for 3-4 hours.

3 Add galangal to the mixture and stir well. Serve.

◀)) 箕其 (tai gia)

豆醬醃芥蘭條

Pickled Chinese Kale in Salted Soybean

潮州人以節儉聞名，能省到錢做生意、供書教學的有不少。潮州人的節儉，從愛惜事物的態度，可略知一二。就如豆醬醃芥蘭條 ◀)) 這道菜，其實是用了菜頭菜尾來製作，價格雖然便宜，但做出來卻不落粗糙，芥蘭條又可儲存保鮮，隨時用來伴粥餸飯都十分滋味。能如此把食材用盡，發揮了節儉的美德之餘，無形中也承傳了惜物省時的好習慣。

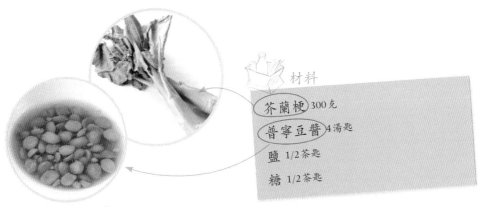

材料

芥蘭梗 300克

普寧豆醬 4湯匙

鹽 1/2茶匙

糖 1/2茶匙

Ingredients : 300g Chinese Kale stalks, 4 Tbsp Pu Ning salted soybean, 1/2 tsp salt, 1/2 tsp sugar

做法

1 芥蘭梗切成粗條，置竹筲箕內風乾。

2 用適量鹽、糖醃芥蘭梗片刻。

3 吃前伴入普寧豆醬即可。

小提示

1. 粗大的芥蘭不易買得到，在菜市場看到的話，不妨就買回來做，然後用密實瓶盛起。

2. 芥蘭梗必須風乾，才可保存得更久。

3. 普寧豆醬可預先伴入放瓶內保存亦可。

Method

1 Chines Kale cut into thick segments, placed on bamboo sieve. Drain and let dry thoroughly.

2 Marinate Chinese Kale with some salt and sugar for a while.

3 Stir in Pu Ning salted soybean to taste when serve.

◀)) 芥蘭條 (gar na bou)

豉椒番薯葉

Stir-fried Sweet Potato Leaves with Fermented Chili Black Beans

「兜麻葉」是我當年很喜愛的玩意之一，和兜麵條一樣，一手拿鑊鏟，一手拿竹筷子，將麻葉挑鬆散，由濕兜到乾，頗為費時，但很能消磨時間。配味可用普寧豆醬或豉椒，兩者悉隨尊便。新鮮的長麻藤去了葉子，有時會被長輩拿來恐嚇頑皮的孩子，作勢要給他們吃「藤條炆豬肉」，然而麻藤軟「賴賴」的，着實不大可怕。

豆醬麻葉也是我喜愛的家鄉菜之一，今天只能用番薯葉代替。現成煮熟了的麻葉倒可以買得到，但可能為了方便運輸及貯存，大多煮得鹹極了，媽媽的滋味怎樣也尋/喚不回來。

九龍城街上所賣現成煮好的麻葉

材料

番薯葉 400克

陽江豆豉 1/2湯匙

蒜頭 2粒

鹽、糖、麻油 適量

Ingredients : 400g sweet potato leaves, 1/2Tbsp Yang Jiang fermented black beans, 2 cloves garlic, salt, sugar, sesame oil to taste

 做法

1. 番薯葉浸洗乾淨,摘去粗梗,只留嫩葉,瀝乾。

2. 豆豉略椿(不要太蓉爛),蒜頭切片。

3. 用2湯匙油起鑊,爆香豆豉、蒜片,加入番薯葉,用長竹筷子以中上火半挑,半炒。當嗅到很濃的豆豉蒜頭味時,加入鹽、糖及麻油,炒勻即可。

小提示

1. 此菜另一個做法是:將番薯葉炒乾,出了水後才用中火回鑊下配料同炒,也能做出好滋味。

2. 煮好的番薯葉容易變色,要趁熱享用啊。

Method

1. Sweet potato leaves thoroughly washed. Discard coarse stalks. Reserve tender leaves, drain.

2. Fermented black beans roughly chopped (do not mash). Garlic sliced.

3. Heat the wok with 2 Tbsp oil. Sauté fermented black beans and garlic. Add sweet potato leaves. Toss and stir-fry with long bamboo chopsticks till fragrant. Add salt, sugar and sesame oil. Stir well. Serve.

火腩春菜煲

Braised Pork Belly with Spring Vegetables

春菜煲 潮音是kor cai，當中的kor有煲完又煲翻煮的意思，會愈煲愈美味。以往的春菜煲都是用上豬油及豬油渣 來炆的，而且往往在上一餐的剩菜中，媽媽會留起可用的配料，好像火腩、拜神豬肉等，來做這道炆煮的菜式。在現代人看來，豬油好像是令人敬而遠之的東西，可是要身體健康，事事逃避也不是辦法，反而追求平衡的生活，少吃多滋味、多勞動、多做運動，這樣在養生的同時也可以滿足口腹之慾。

豬油渣

豬油

小提示

1. 火腩即是燒肉。原本的春菜煲當中，火腩只是小配角，用來吊味而已。然而如今潮式食店為了讓此菜有更好賣相和銷路，都加上不少火腩了。如今為了相片賣相，也隨飲食潮流多放了火腩。

2. 如果想吃原始潮州風味，其實加少許豬油渣，多加薑片，再加幾塊白蘿蔔一起炆至酥軟，入口即化，才是珍品。

材料

春菜 1千克
薑 4厚片
火腩 300克

調味

鹽、糖 各適量
紹酒 適量
麻油 少許(後下)

Ingredients : 1kg spring vegetables (also called Shepherd's Purse), 4 thick slices ginger,
300g roasted pork belly
Seasonings : salt, sugar, Xiao Xing wine, sesame oil (added finally) to taste

做法

1. 春菜洗淨，摘好後切成段；
   火腩切件，備用。

2. 燒水一鑊，先放入春菜頭，
   滾起再放菜葉，拖水撈起後
   瀝乾；火腩也原鑊拖一拖水，
   撈起瀝乾，候用。

3. 洗鑊後，燒熱2湯匙油，爆香
   薑片，加入春菜，炒至收水
   後潷酒，兜炒1-2分鐘，加入
   調味及火腩件，加半個飯碗
   水，煮至滾後加蓋，以文火
   煮20-30分鐘。

4. 試味，下麻油，即可轉置於
   瓦煲內保溫。

Method

1. Spring vegetables sectioned. Roast pork belly cut into pieces. Set aside.
2. Heat a wok of water. First boil the front ends of spring vegetables, then the leaves
   once reboiled. Drain. Blanch roast pork belly in the same wok. Drain.
3. Heat the wok with 2 Tbsp oil. Sauté ginger. Stir-fry spring vegetables until water
   evaporated. Sprinkle in wine, stir-fry for 1-2 min. Add seasonings, roast pork belly
   and half cup of water. Bring to the boil. Simmer for 20-30 min.
4. Taste. Add sesame oil. Transfer to a casserole to keep warm.

🔊 春菜煲 (kor cai) 🔊 豬油渣 (lar por)

常備的菜　飯桌上

小時候，一家人都是從早勞動到晚的，為口奔馳、趕上學、開舖開檔，要解決餬口問題，總不能每次都找既能幹又忙碌的媽媽來料理。故此，每天一大清早，媽媽就會預備全天候供應的常備菜式，放在飯桌上讓家人在一天裏無論何時都有吃的裹腹，主婦的責任彷彿就是要把家人的口胃填滿才得完成。這也稱得上是潮州家庭的飲食特式。

就是因為要作全天供應的常備菜式，所以媽媽必定是用新鮮的食材和注重衛生的方法來烹調和貯存，這裏介紹的都是冷熱進食皆

宜的「飯桌上的菜」。而我因為經年累月的培養，所以無論冷熱、鹹甜、淡濃……都一一習慣了，而我的腸胃適應能力也很高。亦因為從小就在許多東西吃的環境下長大，所以為要讓胃留點空間吃下一樣東西，也養成了「甚麼都吃一點點」這種適可而止的習慣。這些不偏吃、少吃多滋味、腸胃適應力強的飲食習慣是一生受用的，如今想來，真的要感謝環境的造就。在潮州家庭長大，多好！

凍魚
Cold Big Eye

大眼雞和烏頭魚都是常用作凍魚的食材，此兩種魚啖啖肉，沒藏小骨，可用作「BB飯仔」的配料。記得孩子還小時，我帶着他們到街市買鮮魚做飯仔，最多選的就是烏頭魚，久而久之，孩子都暗暗稱魚檔老闆娘為「烏頭魚」。數十年後，已屬成年的兒子和我偶爾在街上遇見老闆娘，大家都會相視而笑暗稱她為「烏頭魚」。這些使人會心微笑、甜在心頭的親子密碼，由生活中創造，其樂無窮。

小提示

凍魚就是連皮蒸熟後冷吃的魚。大家庭自家宴客，可弄凍魚三吃：蘸料可用上等靚生抽、普寧豆醬、淮鹽，任君選擇，必定使食客大快朵頤。

製作凍魚的食材必須以新鮮為主，選擇鮮魚時，要注意：

1. 魚檔及魚販要整潔。
2. 鮮魚的觸感要肉質結實。
3. 眼看要魚鰓鮮紅、魚眼突起、口微張開、魚鰭完整、魚鱗排列整齊。

材料

大眼雞 1條

普寧豆醬 1湯匙

Ingredients : 1 Big Eye, 1 Tbsp Pu Ning salted soybean

做法

1. 大眼雞連皮洗淨，吸乾水分，置竹筲箕內，隔水蒸10分鐘。

2. 將蒸好的大眼雞取出轉碟待冷，轉置入冰箱內，冷凍30分鐘。

3. 取出大眼雞，去皮；豆醬放在豉油碟上，大眼雞蘸豆醬來吃。

Method

1. Big Eye with skin completely washed. Absorb excess water. Place on a bamboo sieve and steam over boiling water for 10 min.

2. Transfer cooked Big Eye to a clean plate chill for 30 min.

3. Remove skin of Big Eye. Put Pu Ning salted soybean on a small plate. Serve with Pu Ning salted soybean.

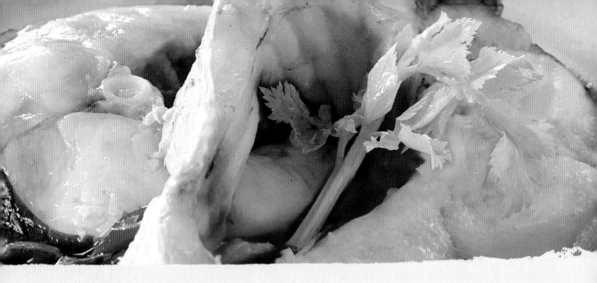

草魚凍
Grass Carp Jelly

做節的日子，一整條鯇魚買回來，魚尾、魚頭會做紅燒炆魚，魚腩則做草魚凍，一魚兩味，絕不浪費。「草魚凍」，我們又叫它做「結凍魚」，其實是用鯇魚做成的，只是潮州人會叫鯇魚做「草魚」，就是此菜名字的由來了。鮮魚冷吃，是潮州特色，草魚凍凝固了的啫喱狀魚膠，是養顏之物。媽媽臨終前九十歲高齡的面上，亦無明顯皺紋，想來應與常吃草魚凍不無關係。

小提示

1. 買魚腩時，可請魚販代將魚腩打鱗及切成環狀後分成兩件。
2. 乾身沙爆豬皮在一般糧油雜貨店有售，買回來後先用冷水浸發4-5小時，瀝乾後出水，過冷河擠乾水分後便可使用。
3. 用慢火浸熟魚腩，可保存肉質鮮嫩。
4. 此菜可以提早一天準備，翌日品嚐。

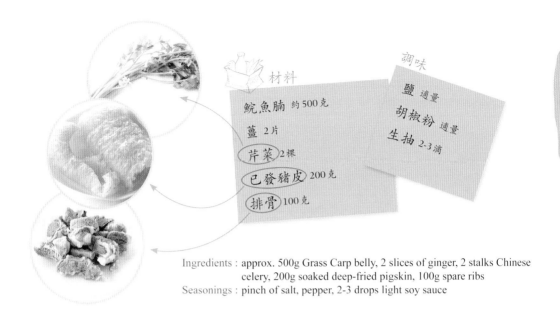

材料

鯇魚腩 約500克

薑 2片

芹菜 2棵

已發豬皮 200克

排骨 100克

調味

鹽 適量

胡椒粉 適量

生抽 2-3滴

Ingredients : approx. 500g Grass Carp belly, 2 slices of ginger, 2 stalks Chinese celery, 200g soaked deep-fried pigskin, 100g spare ribs

Seasonings : pinch of salt, pepper, 2-3 drops light soy sauce

 做法

1. 魚腩洗淨後抹乾，用 2/3 茶匙鹽擦勻魚身，候用。

2. 已發豬皮切件；芹菜洗淨後切段；排骨洗淨後出水，備用。

3. 起鑊，爆香薑片及一半芹菜段，加入排骨炒香，潷酒，加入豬皮炒勻，再加 3-4 個飯碗的水（以蓋過食材為準），煮滾後慢火煲45分鐘，隔渣留湯。豬皮取出，無需再放回鍋內，可當小吃品嚐。

4. 放入魚腩，待滾起後改用慢火，加蓋，將魚浸 15-20 分鐘至熟，加入調味，上鍋後放涼，轉放入冰箱至湯汁凝結成啫喱狀，即可奉桌。

Method

1. Grass Carp belly washed. Absorb excess water. Apply 2/3 tsp of salt on surface evenly. Set aside.

2. Soaked pigskin cut into pieces. Chinese celery washed, sectioned. Spare ribs blanched.

3. Heat the wok. Sauté ginger slices and half of the Chinese celery. Sauté spare ribs till fragrant. Sprinkle in wine. Add pigskin and sauté. Add 3 to 4 cups of water (just cover the ingredients), once boiled, cook for 45 min over low heat. Retain the soup. Pigskin can be consumed as a snack.

4. Put in Grass Carp belly, bring to the boil. Switch to low heat, cover, simmer the fish for 15-20 min till cooked. Transfer to a casserole. Let cool. Refrigerate till set. Serve cold.

鹽脆肝片
Crispy Salted Liver Slices

拍攝當天，Becky遞上一碗薑味十足的豬膶水（即豬肝水）給主編，勾起主編小時候的一個經歷：

主編七歲時，曾經因血的組織出問題而突然七孔流血不止，當年這類大病，群醫束手無策，父母憂心不已，輸血流血吊鹽水，都是生死猶關時發生的事。那時天天插針驗血組織，到及後止了血可以推着樹枝（鹽水鐵架）到處走；由住在不許親人探訪的隔離病房，到轉回普通病房，除了這些醫療記憶外，飲食上記憶猶深的是——這場大病喝得最多的湯水——豬膶水和甜燕窩。那時還是小孩，不喜歡豬膶沙沙的口感，和咬去沒啥的味道，倒是豬膶水的薑味和鹹味，卻令主編回味無窮。如今再喝，味覺記憶與長輩昔日濃濃的關懷一湧而上……

小提示

1. 焓豬肝的水分以剛蓋過豬肝為準，中途反轉，焓至熟透後，記得要除去水中泡沫，豬肝水可作為補身湯水飲用。

2. 肝片冷吃熱食皆宜，兩者各有風味，用鮮醬油、豆醬、准鹽蘸食，適隨尊便。個人較喜歡「白食」 ◀)）。「白食」是潮州話，意指甚麼配搭的食材、蘸料也不用，就是粥飯醬油也欠奉。

材料

新鮮豬肝 300克

芫茜 2棵

薑 1厚片

鹽 1茶匙

紹酒 1湯匙

Ingredients : 300g fresh pork liver, 2 stalks coriander , 1 thick
slice of ginger, 1 tsp salt, 1 Tbsp Xiao Xing wine

 做法

1 豬肝徹底洗淨，吸乾水
分，用紹酒醃30分鐘
以去異味，出水後抹乾。

2 燒水一鍋，放入薑片及
芫茜，慢火煮片刻至出
味，加入豬肝，中火焓
20-25分鐘至熟，取出
後趁熱加入幼鹽，擦勻
豬肝後，放涼後轉置冰
箱冷凍，取出切片，即
可上碟。

Method

1 Pork liver thoroughly washed,
excess water fully absorbed.
Marinate with Xiao Xing wine
for 30 min to remove offensive
smell. Blanch. Wipe off excess
water.

2 Bring to the boil a wok of water.
Cook ginger slices and coriander
for a while over low heat till
fragrant. Add pork liver and
cook for 20-25 min over medium
heat till cooked. Put the liver
on a plate and apply fine salt all
over the surface when it is still
hot. Let cool and refrigerate.
Slice chilled liver. Serve.

🔊 白食 (be jia)

乾煎瓜核鯧

Pan-fried Pampano

潮州地理近海，魚穫豐富，故此以魚鮮入饌，實屬常見。潮州的魚鮮菜式，不花巧、不油膩，很能引出食材的鮮味。此菜本想用牙帶入饌，惜魚販要求整條買下，否則交去食店，唯有以潮州魚另一代表——瓜核鯧來代替。瓜核鯧也是少有的魚穫，它有貴價鷹鯧的嫩滑鮮甜，但價格截然不同。

乾煎小黃花也一樣好吃！製法與本食譜相同，不妨一試。

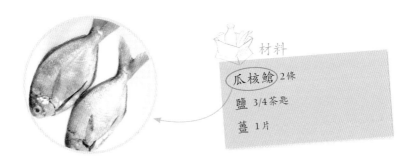

材料

瓜核鯧 2條

鹽 3/4茶匙

薑 1片

Ingredients : 2 Pampanos, 3/4 tsp salt, 1 slice ginger

 做法

1. 將魚洗淨，吸乾水分，將鹽塗勻魚身，放陰涼處風乾片刻。

2. 以大火燒熱油，爆香薑片、半煎炸瓜核鯧，反轉煎至香脆及呈金黃色，瀝乾油分，趁熱享用。

小提示

1. 煎魚時，如果油不夠滾、魚身沒有抹乾、用鹽不夠以致魚身不夠鹹香，以及太早翻動魚身，都會出現黏鑊情況。

2. 牙帶和黃花魚都屬油脂性高的魚類，在油鑊中，以油引油，火力不宜過低，這樣做出來才有鑊氣。

3. 魚煎好後，不妨用鑊中餘下的油加一片薑，用作炒蛋、炒飯或炒菜，簡中自家菜的風味，呼之欲出！

Method

1. Pampano thoroughly washed. Absorb the excess water. Apply salt all over the fish. Set aside in a cool place.

2. Put some oil in the wok and bring to the boil over high heat. Sauté ginger slice till fragrant. Shallow fat fry Pampano till golden brown on both sides. Serve hot.

三

粿物

韭菜粿

殼桃粿

潮州家庭其中一項很有特色的傳統，就是每年的大節好像大年初一、正月十五、清明、端午、諸神上天落天的日子、八月十五中秋節，還有祖先的生日忌辰，與及做生意開舖(潮語稱為「做生理」◀)）的頭禡(每月舊曆初二)及尾禡(每月舊曆十六)等，也會整個家族一起拜神吃飯做節。當中尤以盂蘭節為甚，當日各家各戶都會製作各式各樣的粿物來供奉神靈。每逢此節，我家店舖門前的大球場都會有潮州功夫大戲(又稱神功戲)，家家戶戶都裝香、擺放粿物奉神，路邊都有街坊燒大金……香火十分鼎盛。

然而這些迷信習俗，我從小便無法與媽媽苟同，為了不用幫忙裝香、摺大金，有時會裝作月經來潮而免去這些勞務，想來這可算

菜頭丸

油粿

是我唯一反叛媽媽的事。可是又不忍心媽媽辛勞,便會用玩樂的心態去享受搓粉、搓皮去幫忙媽媽做粿物,這樣反而練就出好手藝來。

石榴粿與阿嫲節 (農曆七月初七)

在九龍城潮州街考察食材時,正值農曆七月初七,在潮發見到石榴粿出爐,店主說是因為阿嫲節,所以每年只賣這一天,急忙買回來拍攝,事後請教著香茶莊阿直(即阿叔),有關阿嫲節的典故。

原來是因為以往醫學不發達,幼兒易得麻疹、天花等病而夭折,因此老一輩都會多生子女,以求有子女繼後。而為求家中幼兒身體健康,倘家有孩子未足十五歲,長輩都會於農曆七月初七準備石榴粿,放在子女床前拜床頭阿婆,祈求床頭阿婆保佑子女健康成長。

菜頭丸（潮式蘿蔔糕）
Chiu Chow style White Radish Cake

潮州人稱蘿蔔為菜頭，菜頭語音像「彩頭」，聽説有吉祥之意，是耶非耶，吉不吉祥，有理沒理，我倒不知道。不過小時候很喜歡跟媽媽做這些手作，實在好玩之極。媽媽的菜頭丸 🔊 比我做的要大上三倍，加上她手藝奇佳，顆顆形狀大小相若；對於我這個小小人兒，技巧生硬，常被媽媽嫌我捏出大小不一的菜頭丸，又説我所捏的，未入蒸籠都已被捏熟了。無論如何，憶起她那些巨型版和我那些小兒科版，放在已塗油的灶布上蒸熟，還真的點點滋味在心頭。今天，我能做出均稱的迷你菜頭丸，雖沒有了那大堆頭豐足的感覺，但看起來吃起來倒覺得較精緻和滋味。

小提示

1. 蒸好的菜頭丸可以將其切片，煎至香脆，可蘸潮州辣椒油或海鮮甜醬同吃。
2. 把材料捏成球狀的過程非常好玩，如果家裏有孩子，不妨一起製作，與孩子一起弄廚，別有一番情意。

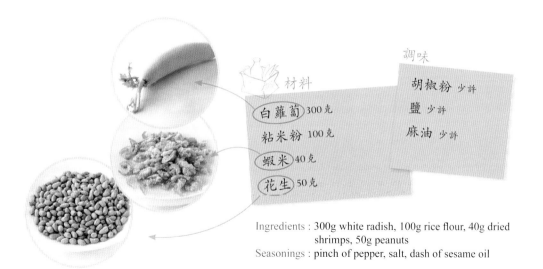

材料

調味

白蘿蔔 300克

粘米粉 100克

蝦米 40克

花生 50克

胡椒粉 少許

鹽 少許

麻油 少許

Ingredients : 300g white radish, 100g rice flour, 40g dried
shrimps, 50g peanuts
Seasonings : pinch of pepper, salt, dash of sesame oil

做法

1 白蘿蔔去皮刨絲,用篩篩入粘米粉,用手拌勻後,再加入調味料拌好,靜置片刻。

2 花生用清水浸透,瀝乾後置滾水內焓10分鐘,離火焗至水轉冷,取出瀝乾備用。

3 蝦米浸透後洗淨,與花生一起加入粉料用手拌勻,再揑成數個球狀,每球大小要均勻,放在已塗食油的碟上。

4 將揑好之菜頭丸以大火蒸20-25分鐘至熟,即成。

Method

1 White radish peeled and shredded. Sift in rice flour and mix well by hands. Season and mix well. Set aside for a while.

2 Peanuts thoroughly soaked in clear water. Drained. Cook in boiling water for 10 min. Remove from heat. Keep covered till water turns cold. Drain. Set aside.

3 Dried shrimps thoroughly soaked and washed. Add to flour mixture together with peanuts, mix well by hands. Mold mixture into balls in similar size. Place radish balls on a greased plate.

4 Steam radish cakes over high heat for 20-25 min till cooked. Serve.

◀)) 菜頭丸 (cai tau hngi)

粿物

油粿
Deep-fried Dumplings

潮式粿物中，油粿是我的摯愛，也算是我的代表作之一。媽媽弄的油粿，備有不同的餡料，有芋泥、糖花生、椰菜、豆茸等。因着油粿，我在十歲出頭已能掌管油鑊，十分有成功感。只是有時遇上「手勢欠佳」，有一個半個油粿爆開了口，媽媽不許我說「爛了」、「爆了」等話，只能説油粿開口笑了，要趕快把它撈起來。

明白現今的父母對孩子的保護，使廚房成了孩子們的禁地，水煮油鑊更是絕不能碰。今天作為父母的可會想想在安全的情況下，讓孩子也能嘗嘗入廚之樂？

油粿包裹示範

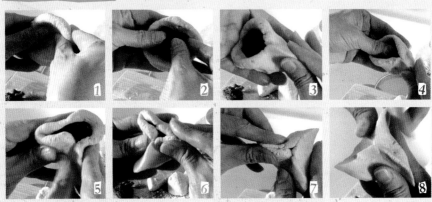

材料

糯米粉 (125克)　　　暖水 (3-4湯匙)

澄麵粉 (10克)　　　豆沙 (80克)

紅肉番薯茸 (100克)

Ingredients : 125g glutinous rice flour, 10g non-glutinous flour, 100g mashed red flesh sweet potato, 3-4 Tbsp warm water, 80g red bean paste

 做法

1 糯米粉與澄麵粉篩勻，置深碗內，趁熱加入番薯茸，用手搓勻，加入適量暖水，搓成不黏手的軟滑粉糰。

2 將粉糰分成8等份，豆沙亦分成8等份。

3 取一份粉糰皮料，將其揑成小碗形狀，加入豆沙後按扁，收口時，一半對摺，另一半開口處十字方向對摺成三角形。

4 以中火燒熱油，把所有做好的油粿慢慢置入鑊內，炸至金黃色，瀝去油份即可。

小提示

1. 甜的油粿也有用花生碎拌黃砂糖的，也是做成三角形。炸油粿的時候記得要經常翻動，以免粿物沉底。

2. 鹹的油粿，餡料有豆茸及椰菜，可揑成半圓形，以作識別。

3. 吃粿物，有的人喜歡皮厚，有的人喜歡皮薄，我較喜歡嚐油粿的皮，軟滑油香，帶點番薯的香味，熱騰騰剛離鑊時，令人垂涎。

Method

1 Sift glutinous rice flour and non-glutinous flour; keep in a deep bowl. Add mashed sweet potato to the flour while it is still hot, mix well by hands. Add in warm water; knead the dough till smooth and non-sticky.

2 Divide dough into 8 portions. Divide red bean paste into 8 portions as well.

3 Press each portion into the shape of a small bowl. Put red bean paste on it and fold, press and seal half of the opening, seal the other half like a cross to form a triangle.

4 Bring the oil to the boil over medium heat. Gently put prepared dumplings into oil, deep-fry till golden brown. Drain excess oil. Serve.

軟烙粿
Glutinous Rice Flat Dumplings

這款甜粿，有點像我們以前吃到的糖不甩小吃。不同的是軟烙粿 ◀)) 大大件上碟，也許是給那些不知名的神佛作為貢品，所以件頭大些，感覺莊重些吧！中國人的處世如是，以往探訪親友的人，總不會兩疏香蕉(兩手空空)，必定要買些大一點的橙呀、大大的蘋果呀又或甚麼禮盒的，這就是所謂的人情世故了。

小提示

1. 花生碎及砂糖份量可隨己意加多減少。

2. 要捈碎花生，若沒有相關用具的話，可將其置於密實袋內，排走空氣後用布包着，以免膠袋穿漏，再用木擀粉棒拍打壓碎亦可。

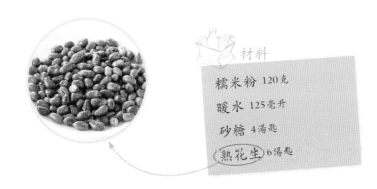

材料

糯米粉 120克

暖水 125毫升

砂糖 4湯匙

熟花生 6湯匙

Ingredients : 120g glutinous rice flour, 125 ml warm water,
4 Tbsp granulated sugar, 6 Tbsp fried peanuts

 做法

1　糯米粉加入適量暖水拌勻，搓成軟粉糰，搓至軟滑後分成6等份，每份粉糰搓圓按扁成餅狀。

2　熟花生去衣後椿碎，備用。

3　燒滾一鍋水，將餅狀粉糰置入大滾水內煮至浮起及軟熟。

4　撈起粿物，略瀝去水分，趁熱蘸上花生碎及砂糖即成。

Method

1　Add warm water to glutinous rice flour, mix well. Knead to form soft and smooth dough. Divide dough into 6 equal portions. Knead and press each portion into pie shape.

2　Cooked peanuts peeled and coarsely crushed. Set aside.

3　Bring a pot of water to the boil. Boil pie shaped dumplings till floating, softened and cooked.

4　Drain excess water. Serve hot with crushed peanuts and granulated sugar.

◀)) 軟烙粿 (da lua gue)

韭菜粿
Chive Rice Cake

除了用韭菜作韭菜粿 ◀) 餡料，媽媽有時也會用炒熟了的椰菜 ◀) 絲、生蘿蔔 ◀) 絲及生芋頭 ◀) 絲做餡，林林種種的材料，各式各樣的食物，小時候常常想忙透的媽媽應慶幸有我幫忙當她的副手。年日漸長，回望過去，慢慢懂得為到能當媽媽的「妹仔」而感恩，因為搓皮弄餡做菜的技倆，都是熟能生巧賺回來的，這些就是媽媽給我最寶貝的遺產。

韭菜粿包裹示範

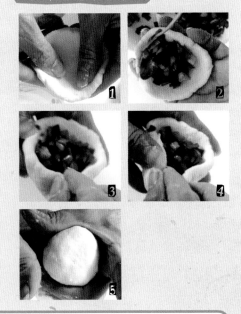

小提示

搓皮用的水必定是大滾水，如此粉料的澱粉質才能受熱成膠狀(glutenize)，這樣到包餡時，皮才不會爆裂。

若一時失手，發現搓出來的粉皮過生(不夠熟)而容易裂開，可參考以下「執生」方法。

1. 取半份皮蒸15分鐘至熟，再與另一半過生的粉糰搓揉混合便可。

2. 若水太滾，粉皮太膠太熟太黏手，則可用些少糯米粉作「手焙」，慢慢搓至不黏手便可使用。

3. 炊布即是蒸布，若沒有炊布，用鋼碟塗油亦可。

材料

粘米粉 150克	滾水 100毫升	調味
澄麵粉 25克	韭菜 100克	油、鹽 適量
糯米粉 50克	蝦米 40克	胡椒粉 適量
		糖、麻油 適量

Ingredients : 150g rice flour, 25g non-glutinous flour, 50g glutinous rice flour, 100ml boiling water, 100g chives, 40g dried shrimps
Seasonings : adequate amount of oil, salt, pepper, sugar, sesame oil

做法

1. 粘米粉、澄麵粉及糯米粉篩勻放碗中，沖入大滾水，用竹筷子快速攪拌至稍稠時，用雙手搓皮，搓至軟滑及不黏手為止。
2. 將韭菜洗淨切粒，調味後加入浸透的蝦米，拌勻後醃大約15-20分鐘，備用。
3. 將粉糰分成6等份，每份粉糰搓圓按扁後，做成碗狀，加入適量韭菜餡，摺邊收口，輕手按成餅狀，收口處向下放在已塗油的碟上。
4. 炊布塗上油放蒸架上，將韭菜粿轉置於炊布上，用大火蒸15-20分鐘至熟即可。

Method

1. Sift rice flour, non-glutinous flour and glutinous flour. Keep in a bowl. Pour in boiling water, stir vigorously with bamboo chopsticks until binding. Knead by hands to form a smooth and non-sticky dough.
2. Cut chives into small dices, add dried shrimps. Marinate for 15-20 min. Set aside.
3. Divide the dough into 6 equal portions. Knead and press each portion to form a bowl shape. Fill in proper amount of chive fillings. Pleat and seal the opening by pressing the edges together to form a pie.
4. Line greased steaming cloth on a steamer, place chive rice cake on it with the sealed openings facing down. Steam for 15-20 min over high heat. Serve.

◀)) 韭菜粿 (gu cai gue)　◀)) 椰菜 (gor le)　◀)) 蘿蔔 (cui tau)　◀)) 芋頭 (oh)

殼桃粿
Peach Shell Rice Cake

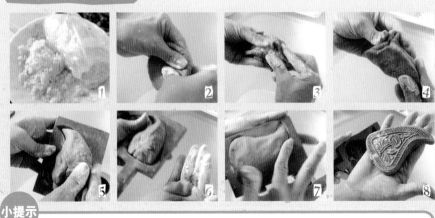

圖 中右面用來製作殼桃粿 🔊 的木雕模型是媽媽留給我的嫁妝之一，已保留了數十年。每每收拾廚櫃，都令我懷念一番。如今手執這模型，想到與媽媽在灶前共處的日子。縱有不一樣的手感，仍會勾起那些年甘甜的回憶。

殼桃粿包裹示範

小提示

1. 除了綠豆茸外，以糯米飯作餡，是另一款常見的殼桃粿。由於外皮一樣，故此會用上不同花紋的模型來式別粿物所用的餡料。

2. 以往桃紅色粿物的皮料是用花紅粉調製的，現今奉行健康、崇尚天然，故此我用了紫紅番薯，惟望仍能保留些少紅的傳統。

3. 木雕模型可在九龍城一帶俗稱潮州街(衙前塱道)有售。

做皮材料　　　做餡材料

粘米粉 75克

糯米粉 25克

澄麵 15克

紫色番薯茸 100克

滾水 75-100毫升

綠豆茸 100克

芹菜粒 少許

鹽、糖 各少許

Ingredients : 75g rice flour, 25g glutinous rice flour,
15g non-glutinous flour, 100g mashed
cooked purple sweet potato, 75-100ml
boiling water

Ingredients for fillings : 100g mashed peeled mung
beans, some Chinese celery
small dices, pinch of salt,
sugar

做法

1　將粉料篩勻，置入深碗內，沖入75毫升大滾水，用竹筷子拌勻成粉糰狀，用手再搓勻，趁熱加入紫色番薯茸，搓成一紫色粉糰，用糯米粉作手焙，必要時多加少許滾水，搓至不黏手為止，再將粉糰分成6-8份。

2　綠豆茸蒸熟後，放入鑊中用鑊鏟壓成豆茸，開小火，在鑊邊加少許油，拌入芹菜粒，調味後取出，待冷備用。

3　將每份皮料揑成碗狀，加適量豆茸餡料，埋口至餘下1/3開口處，再在垂直方向的開口處用手指按壓至黏合成一等腰三角狀的粿物。

4　木雕模型上掃上糯米粉，倒轉拍出多餘的乾粉，將殼桃粿以收口處向上的方式貼邊放入模型中，按至扁平，輕敲模型邊緣，把殼桃粿取出。

5　炊布塗上油置蒸籠內，將殼桃粿放在上面，蒸約25-30分鐘，趁熱取出即可。

Method

1　Sift all flour, keep in a deep bowl. Pour in 75ml boiling water and stir well with chopsticks. Add mashed cooked sweet potato while it is still hot and knead to form a purple dough. Apply a little glutinous rice flour on palms to avoid sticking. Divide the dough into 6-8 portions.

2　Steam peeled mung beans till cooked, transfer to a wok, mash with a spatula. Over low heat, add some oil, stir in Chinese celery dices. Add seasonings to taste. Set aside.

3　Press each portion of dough into the shape of a small bowl. Put proper amount of mashed mung beans fillings on it and fold, press and seal 1/3 of the opening, seal the remaining part vertically to form an isosceles triangular rice cake.

4　Sprinkle glutinous rice flour on surface of wooden peach shaped mould. Fix each rice cake into the mould with the sealed opening on top. Press to fit in

mould. Slightly knock the mould to loosen the rice cake.

5　Grease the steaming cloth, line on steamer, place all the rice cakes on it and steam for 25-30 min. Serve hot.

◀)) 殼桃粿 (kuk tor gue)

四 湯水

潮州經典湯水不算多，但都講究技巧：洗豬肚、洗鴨去鴨毛、洗魚起肉刮魚肉⋯⋯清洗製作過程都很不簡單。聽來略嫌厭惡，遑論配味、烹調和掌控爐火的工夫？

然而預備這些材料，都是我小時幹的活兒，做的當下沒有甚麼反感不反感，只覺得能做多少便多少，洗着，揑着，一心想着幹完

活有美味可口的湯水可嚐，便覺滿足。

大概就是出於這種想像中的成果，管它厭惡不厭惡，反正家當總要有人擔當。

這章介紹的，算是潮式湯水中四款經典之作。

紫菜魚丸湯
Fish Balls in Seaweed Soup

小時候，我常常替媽媽在白鑊上烘紫菜，每次都要烘乾兩片紫菜，用以去砂和去腥，可是烘乾的紫菜實在太誘人，往往我都會忍不住偷偷捏一些來吃，結果紫菜魚丸湯便不夠紫菜用了。今天我們買到的紫菜都相對清潔，想香口去腥味，可以稍烘一下；否則也可以直接使用，但必須浸洗。

刮魚肉、做魚漿的示範

鐵匙匙背向着魚尾，從魚尾方向起往上刮，刮出魚肉。

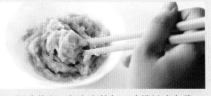

加入調味後順一個方向拌勻，才攪撻成魚漿。

小提示

1. 由魚尾開始用一個方向來刮起魚肉，魚骨便不易折斷，魚肉亦不易散開。
2. 滾湯用的魚湯，要預先將魚頭、魚皮及魚骨等用薑葱起鑊，煎香加水熬至出味，過濾後調好味後，隨時備用。
3. 奉桌前，亦可加入2茶匙方魚碎(即大地魚末)，以增添食味。

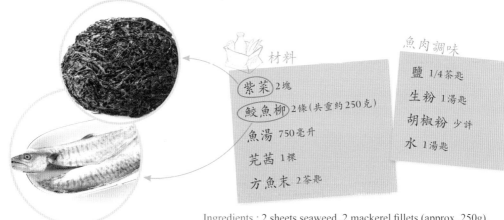

材料

魚肉調味

紫菜 2塊

鮫魚柳 2條(共重約250克)

魚湯 750毫升

芫茜 1棵

方魚末 2茶匙

鹽 1/4茶匙

生粉 1湯匙

胡椒粉 少許

水 1湯匙

Ingredients : 2 sheets seaweed, 2 mackerel fillets (approx. 250g),
750ml fish soup, 1 stalk coriander, 2 tsp ground flatfish
Seasonings for fish : 1/4 tsp salt, 1 Tbsp cornstarch, pinch of pepper,
1 Tbsp water

做法

1 紫菜用白鑊烘香，浸清水待散開，置水喉下沖洗乾淨後瀝乾；芫茜洗淨後切碎，候用。

2 魚柳洗淨，抹乾後用鐵匙從魚尾方向起往上刮，起出魚肉，加入調味，攪撻成魚漿，用手或鐵匙做成魚丸。

3 魚湯燒滾，加入魚丸煮至浮起，加入紫菜，慢火煮3-5分鐘，去泡試味後，灑入方魚末及芫茜碎即成。

Method

1 Toast seaweed on a plain wok till fragrant, soak in water till spread. Rinse under cold water and drain thoroughly. Coriander finely chopped. Set aside.

2 Fillets washed. Absorb excess water. Use a stainless steel spoon and scoop upwards from fish tail to get the flesh. Season, beat and mix well to form a sticky mash. Make fish balls by hands or stainless steel spoons.

3 Bring fish soup to the boil. Add in fish balls, boil till floating. Add seaweed, cook for 3-5 min. Scoop away all the bubbles and taste. Sprinkle ground flatfish and coriander over. Serve.

胡椒白果豬肚湯
Fresh Tripe in Pepper Ginkgo Soup

說到弄豬肚，最難忍受的莫過於要刮掉它的潺物和洗去它難當的氣味；但要不是為了支援天天為家庭奔波勞碌的媽媽，讓她能如願地為家人做到想做的美食佳餚，所以這些工序做來，也是樂意的。如今想來，自己雖沒三從，但有媽媽承傳的「四得」：做得、食得、捱得和唱得！

小提示

1. 豬肚湯做好後，可取出豬肚切片後分開上碟，用生抽蘸來吃。

2. 白果可用鹹菜取代，與其他材料一同下鍋，如果後下，鹹菜味道便更能保存。

3. 豬肚清洗方法：

- 用剪刀除去表面的脂肪，反轉用刀刮掉潺物，置水喉下沖洗片刻。

- 將鑊燒熱，放入豬肚(反面向外)，用白鑊略烘，以鑊剷反轉，烘至兩面的潺物呈固體狀，置清水裏用刀刮洗乾淨，瀝乾。

- 用粗鹽擦洗片刻使去異味，可重複一兩遍。

- 將清洗好的豬肚再出水一次，剪去餘下油膏(凝固了的肥肉)，過冷河後瀝乾備用。

 材料

新鮮豬肚 1個
白胡椒粒 1湯匙
白果 15-20粒

薑 1厚片
唐排 10兩(400克)
水、鹽、胡椒粉 各適量

Ingredients : 1 fresh tripe, 1 Tbsp white peppercorns, 15-20 ginkgoes,
1 thick slice ginger, 10 taels (400g) spare ribs, adequate
amount of water, salt, pepper

做法

1 豬肚洗淨後，反轉裝入胡椒粒，待用。

2 唐排出水後用白鑊略炒乾，備用。

3 白果去殼取肉，置大滾水內略拖水，撈起後去衣去芯。

4 燒水一鍋，將所有材料加入，回火後加蓋收慢火煲 1.5 小時，加入白果後再煲 1 小時，以鹽及胡椒粉調味。

5 取出豬肚，開邊除去胡椒粒，切件，放回湯內，即可享用。

Method

1 Fresh tripe thoroughly washed. Turn inside out and fill in white peppercorn. Set aside.

2 Spare rib cooked in boiling water for a while. Drain and sauté on a plain wok till excess water entirely evaporated. Set aside.

3 Ginkgoes shelled and pulps retained. Put ginkgoes into boiling water and cook for a while. Remove skins and cores.

4 Bring water to the boil. Put in all ingredients. Cover. Simmer for 1.5 hours over low heat. Put in Ginkgoes and cook for another 1 hour. Sprinkle salt and pepper over to taste.

5 Take out the tripe, cut opened and discard white peppercorns. Cut the tripe into pieces. Put back into the soup. Serve hot.

檸檬鴨湯
Lemon Duck Soup

現今的一代追求衛生，商販事事以顧客為先，好像去買雞買鴨，因避免禽流感等傳染病，買回來的家禽都是已經處理好的，甚至我們要求商販代為把家禽去皮去骨去頭亦可。相比以前，生雞生鴨買回家，還有許多工序要做。當中我最記得的，就是協助媽媽做自家蒸製雞紅、鴨紅，回想過程實在殘忍（當年少不更事的我竟會不當作一回事）；如今已再做不來，只堪回味了。

小提示

1. 現代人追求健康，可能會先去皮才煲鴨湯；不過有皮的話，鴨味會濃郁些。

2. 如果加點愛心，提早一天泡製這道湯，放入冰箱冷藏後，把油脂冰凍至凝固，較易徹底去掉表面的油脂，如此家人便能吃得更健康。

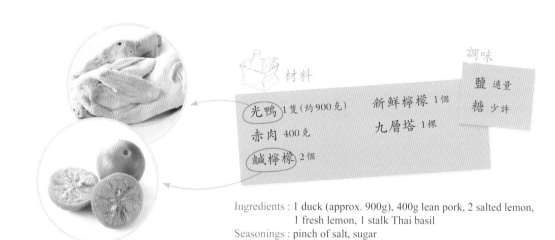

材料

光鴨 1隻 (約900克)
赤肉 400克
鹹檸檬 2個

新鮮檸檬 1個
九層塔 1棵

調味

鹽 適量
糖 少許

Ingredients : 1 duck (approx. 900g), 400g lean pork, 2 salted lemon,
1 fresh lemon, 1 stalk Thai basil
Seasonings : pinch of salt, sugar

 做法

1. 米鴨洗淨,抹乾後置入大滾水中拖洗片刻至血水去清,撈起後放水喉下沖洗乾淨,用鉗去清鴨毛,再清洗乾淨,瀝乾備用。

2. 赤肉切粒後出水;新鮮檸檬切片;鹹檸檬開邊,候用。

3. 燒熱大半煲水,水滾前加入九層塔、檸檬片及鹹檸檬,滾至出味,加入赤肉粒及米鴨,繼續以大火燒至滾,必要時加滾水至蓋過米鴨為止。

4. 滾起後,撇去泡沫,加蓋轉慢火煲 2-2.5 小時至鴨肉鬆軟為止,撇去表面油脂,加入調味後上窩即可。

Method

1. Duck thoroughly washed. Pat dry and blanch in boiling water. Rinse thoroughly under tap water. Remove all hair with a pair of pliers. Rinse again. Drain. Set aside.

2. Lean pork diced, blanched. Fresh lemon sliced. Salted lemon halved. Set aside.

3. Heat half pot of water. Put in Thai basil, sliced lemon and salted lemon. Bring to the boil till fragrant. Put in diced pork and duck. Cook over high heat till boiling. Pour in sufficient boiling water till all ingredients just immersed.

4. Remove all the foams on surface. Cover. Simmer for 2-2.5 hours over low heat till tender. Scoop away the fat on surface. Season. Transfer to a casserole. Serve hot.

阿媽豬肉湯

Mummy's Pork Soup

使用鐵鑊其中一個好處是可用其白鑊來烹調食物，猶記得媽媽監督我用白鑊炒豬肉時的手勢，那鐵鑊和鑊鏟互相磨擦碰撞時發出的沙沙聲響，仍音猶在耳。現今流行的易潔鑊，若要用白鑊烹調便要加上少許油，以免破壞塗層、揮發毒素。

無論舊式生鐵鑊(重身)或熟鐵鑊(輕身)，都要先以韭菜豬油開鑊，以免生鐵銹，也要留意保養細節，現與大家分享幾點我用鑊的心得：

一、新購入時：

新鑊買回來後，用清水徹底洗淨，再用食油薄薄地均勻塗抹整個鑊的內外層，放置一天後用水清洗沖淨，用布抹乾後，放在爐火上，用中火放入一塊約100克的肥豬肉，烘至豬油完全排出，再加入一把約100克韭菜煮至焦燶時棄掉。隔天重複上述步驟一至兩次。至於新式生鐵鑊有一層黑色保護塗層，買回來時依說明書處理即可。

二、保養：

- 避免用濃厚洗潔精清洗。
- 趁鑊還熱時清洗，利用鐵鑊保留的熱力去掉油漬，可少用清潔劑。
- 用鑊蒸糕點或菜餚時，要在水中加幾滴油。
- 應常備一塊專用的「油布」抹鑊。
- 貯存時在鑊面放一塊吸油紙才放上鑊蓋。

這隻輕身的熟鐵鑊，一用便是三十年，如今鑊柄底都看到千年油漬層，可以想像得到它的豐高偉蹟了。

48

材料

鯽魚鮭 2湯匙

免治豬肉 150克

嫩豆腐 1件

薑絲 2湯匙

Ingredients : 2 Tbsp Chiu Chow style wine preserved mini carps, 150g minced pork, 1 cube soft tofu, 2 Tbsp shredded ginger

做法

1 豆腐切粒，備用。

2 用白鑊快手兜炒豬肉至熟，拌入薑絲炒勻。

3 潛入鯽魚鮭 ◀)) ，一手拿鑊鏟兜煮翻動，一手拿熱水煲注入適量滾水，加入豆腐粒，翻滾後即成。

小提示

1. 這道湯是我家女士坐月子必備湯水，有行氣活血之效。

2. 鯽魚鮭做法：沙丁魚小魚毛洗淨，用粗鹽醃鹹，曬乾後成沙丁魚仔乾，入瓶，加入九江雙蒸酒，浸至魚毛仔化成粉末，大概需時一、兩年。雙蒸酒要注滿瓶子，並成真空狀，才可久存。鹹魚仔也要曬至乾身，以防變壞。

3. 煮這道豬肉湯，勝在夠快，鹹香鮮醇四味齊備，是自家引以為傲的湯水。

4. 以往的潮州家庭，長年累月都會存放一大瓶鯽魚鮭，隨時備用。

Method

1 Tofu diced. Set aside.

2 Sauté minced pork in plain wok quickly. Stir-fry with shredded ginger.

3 Add in wine. Stir-fry with one hand and pour in boiling water with the other hand. Add in diced tofu, bring to the boil. Serve hot.

◀)) 鯽魚鮭 (jie hu gui)

小菜
家常

潮州的家常小菜大多是以簡單、快捷、省時的方法來製作,以鹹香見稱,都是能伴飯吃的,特點是只求溫飽,不求花巧。

在潮州的飯桌上也很常吃得到水煮和快炒的小菜。水煮物的特式是原汁原味,使人無論胃口如何,都可以伴饢伴汁來吃。快炒的菜式則惹味香口,盡顯每種食材鮮味、樸實的特色。

無論水煮抑或快炒，這些家常菜都是我兒時美好的回憶，如今煮起來、吃起來如果都能做到和媽媽手勢相近的口味的話，品嚐其色香味的同時，心靈也得飽足。

菜脯煎蛋

Pan-fried Eggs with Pickled Radish

以前買菜,如果買回來的白蘿蔔太大,媽媽會把剩下的切成粗條,用粗鹽拌勻後,攤放在竹筲箕上,晾乾後,白日放在陽光下生曬,晚上要收回屋內,避免沾上霧水,如此便能做成自家製菜脯 ◀)) 。雖然製成品會較醜陋,但卻有意想不到的食味和滿足感。為了家人不用吃到有防腐劑的菜脯,確保他們的健康,大家不妨一試。

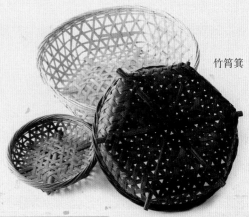

竹筲箕

小提示

1. 試過將幾片廚餘的灶頭肉(即五花腩肉)切粒,放入蛋漿內來做菜脯蛋,其味無窮,可謂這道菜的變調版本。
2. 除了菜脯粒外,芫茜碎、胡椒粉及麻油也是這道蛋餅的神髓,可謂缺一不可。

 材料

雞蛋調味

胡椒粉 少許
麻油 少許

豬肉調味

生粉 少許
生抽 少許
糖 少許
胡椒粉 少許

雞蛋 3隻
菜脯 40克
芫茜 2棵
免治豬肉 50克

Ingredients : 3 eggs, 40g pickled radish, 2 stalks coriander , 50g minced pork
Seasonings for eggs : pinch of pepper, dash of sesame oil
Seasonings for pork : pinch of cornstarch, sugar, pepper, dash of light soy sauce

做法

1 雞蛋打勻，加入調味拌勻。

2 菜脯切幼粒；芫茜切碎。

3 免治豬肉加入調味醃片刻，用少許油炒熟，盛起後備用。

4 燒熱2湯匙油，將所有材料混合，倒入鑊中，撥開成餅形，將鑊打側，使蛋液從外流入底部，凝固後反轉，轉中火煎至蛋餅兩面均呈金黃色後，自鑊邊潷酒少許，熄火上碟，趁熱進食。

Method

1 Eggs whipped. Stir well with seasonings.

2 Pickled radish finely chopped. Coriander finely chopped.

3 Marinate minced pork for a while. Sauté with a little oil till cooked. Set aside.

4 Bring 2 Tbsp oil to the boil. Combine all the ingredients, put into the wok and spread to form a pie shape. Tilt the wok to allow the whipped eggs reach the bottom. Turn over once the eggs coagulate. Pan-fry over medium heat till golden brown. Sprinkle wine along the edge of the wok. Remove from heat. Serve hot.

菜脯 (cai bou)

鹹菜炒大腸
Stir-fried Pig's Intestine with Salted Mustard

娘家的人都很喜歡吃內臟，那種油分就是風味。這道菜也是爸爸的摯愛。記得有一次，爸爸特意從九龍帶來一些新鮮的豬粉腸來我家午膳，希望我弄一碟白焓豬粉腸給他，但我外嫁多年，竟然忘掉了爸爸的口味，一時把豬粉腸內的膏物像通渠般清洗得乾乾淨淨，爸爸看見餐桌上一碟皺皮的橡筋腸，一面無奈的表情望着我，至今仍記憶猶新。如今爸爸離開我們多年，還很惦念他那溫文爾雅寡言的風度，每次他給我氣壞都只輕輕望我一眼，我舌頭一伸，便又沒事了。阿爸，好想煮一碟合你口味的白焓豬雜孝敬您，可惜，已是「樹欲靜而風不息」了。

小提示

1. 從前在水喉房清洗豬雜，人力水力確實消耗不少，如今有些豬大腸是預先洗淨急凍好才出售的，大家都可在一般大型的凍肉店買到，便無需再做這些清洗工作了。
2. 緊記買回來的急凍豬大腸或豬肚，要飛水後才能使用。
3. 這是一道潮式經典小炒之一，用中上火來炒，不宜帶汁，生粉水亦不宜太濃稠及過多。

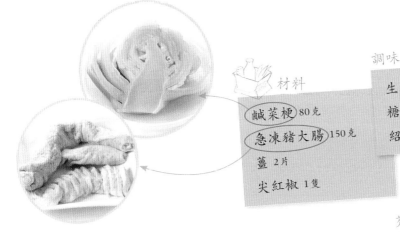

材料

調味

生抽、鹽 各少許
糖、麻油 各少許
紹酒、胡椒粉 各少許

鹹菜梗 80克
急凍豬大腸 150克
薑 2片
尖紅椒 1隻

芡料

生粉水 少許

Ingredients : 80g salted mustard stalks, 150g frozen pig's intestine,
2 slices ginger, 1 red chili
Seasonings : pinch of salt, sugar, pepper, dash of light soy sauce, sesame oil,
Xiao Xing wine
Thickening : a little cornstarch solution

 做法

1 鹹菜梗斜刀切片，用淡鹽水浸30分鐘以
去鹹味，沖洗片刻後瀝乾，加入少許糖及
麻油，醃片刻備用。

2 豬大腸沖洗乾淨後出水，過冷河後沖淨，
用水焓30分鐘至軟身，攤凍後切片，加
入調味醃10-15分鐘。

3 尖紅椒洗淨，切片候用。

4 用少許油起鑊，爆香尖紅椒，加入豬大腸
後炒片刻，再加入鹹菜，炒香後加入芡
料，炒勻後上碟，趁熱享用。

Method

1 Salted mustard stalks slanting cut. Soak in light salt water
for 30 min to reduce salty taste. Rinse for a while and
drain. Marinate for a while with a little sugar and sesame
oil. Set aside.

2 Pig's intestine thoroughly washed, blanched, boil for 30
min till tender. Let cool and slice. Season. Marinate for
10-15 min.

3 Red chili sliced. Set aside.

4 Heat the wok with a little oil. Sauté red chili. Sauté pig's
intestine for a while. Sauté salted mustard till fragrant.
Add in thickening, stir well. Serve hot.

韭菜花炒鹹肉

Stir-fried Chives with Salted Pork

此菜式為傳統家常小炒，鹹肉切薄片煎得香脆，全賴腩肉在油鑊中溢出的油分。然而現今追求健康，肯用五花腩做菜已是很勇敢的了，要是和從前一樣加上豬油渣的話，恐怕大家會對此菜敬而遠之。我們弄廚的，除了考慮色香味與傳統之餘，也習慣了顧及家人的健康；家人在吃之餘，希望也能嚐得到做飯者的心思與心意。

小提示

1. 爆炒銀芽與韭菜時，如果火力不夠，會溢出水分，下調味前要先將水分泌走。

2. 小炒菜式的調味及火喉工夫考究，今天用易潔鑊做起來和往日所做的確實有別，但如今的廚具在控制熱力分佈上做得較為出色，然而愛下廚的人，總較享受鑊鏟與鐵鑊碰撞下發出鏗鏘的聲音，實在痛快非常。

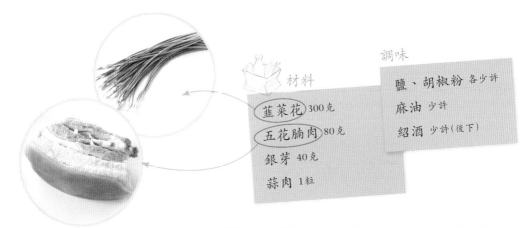

材料

韮菜花 300克
五花腩肉 80克
銀芽 40克
蒜肉 1粒

調味

鹽、胡椒粉 各少許
麻油 少許
紹酒 少許（後下）

Ingredients : 300g chives, 80g pork belly, 40g mungbean sprouts , 1 garlic clove
Seasonings : a little salt, pepper, sesame oil, dash of Xiao Xing wine (sprinkle finally)

 做法

1. 將韮菜花洗淨，去老梗後切段；腩肉焓約15-20分鐘至熟，可連皮切薄片，備用。

2. 用白鑊（不用加油）將腩肉烘至出油並煎至香脆，盛起。

3. 原鑊下蒜粒，爆香後加入銀芽，炒片刻後與韮菜花炒勻，急火快炒，邊炒邊加入調味拌勻。

4. 再將腩肉片回鑊，用大火炒至乾身，下尾油潷酒，炒勻即可上碟，趁熱進食。

Method

1. Chives thoroughly washed. Discard the old stalks and cut into lengths. Boil pork belly for 15-20 min till cooked. Pork belly can be cut into thin slices with skin. Set aside.

2. Pan-fry pork belly on a plain wok till fat releases and golden brown. Set aside.

3. With the same wok, sauté garlic till fragrant. Add in mungbean sprouts, sauté for a while. Put in chives, sauté quickly, at the same time put in seasonings and stir well.

4. Put pork belly back to the wok. Stir-fry over high heat till dry. Sprinkle wine over and stir well. Serve hot.

釀涼瓜黃豆鹹菜排骨煲
Stuffed Bitter Gourd and Spare Ribs in Casserole

——般潮菜用的是涼瓜黃豆排骨煲，媽媽卻不嫌麻煩，多弄些上肉，塞進苦瓜環內，通常剁肉和塞肉的工夫都由她做一半，再由我接手。邊做邊聽媽媽唱兒歌，我也跟着哼着、剁着，好玩極了。

數十年後，再弄此菜式，湯內有排骨味，苦瓜又有肉味，鹹菜黃豆的味道又互相融合，想起那遙遠的兒歌樂聲，更是百般滋味。

小提示

1. 此菜式可原鍋上桌，也可半湯半餸盛於深碟上。
2. 完成後，加蓋焗透，或隔餐吃，食味更佳。
3. 隔日吃的餸菜，必須涼透才放入冰箱，熱燙時不要加蓋，
   以免倒汗水滴回食物中，令食物容易變壞。

材料

調味

涼瓜 2個

鹽 1/4茶匙

免治豬肉 300克

糖 1/2茶匙

黃豆 80克

酒 1茶匙

鹹菜 80克

生粉 2茶匙

排骨 150克

胡椒粉 少許

紅椒片 1/4茶匙(裝飾用)

麻油 適量

Ingredients : 2 bitter gourds, 300g minced pork, 80g soybeans, 80g salted mustard, 150g spare ribs, 1/4 tsp red chili slices (for garnish)
Seasonings : 1/4 tsp salt, 1/2 tsp sugar, 1 tsp wine, 2 tsp cornstarch, Pinch of pepper, dash of sesame oil

做法

1. 涼瓜洗淨後切環狀，去瓤；排骨洗淨後飛水；黃豆用清水浸約3-4小時，瀝乾待用。

2. 鹹菜用鹽水浸片刻後切片，備用。

3. 免治豬肉加入調味，拌勻後釀入涼瓜中，填滿後壓實豬肉。

4. 燒熱少許油，將涼瓜件略煎片刻，取出候用。

5. 在砂鍋燒熱大半鍋水，加入浸透的黃豆及已飛水的排骨，用小火先煮30分鐘，加入鹹菜片及釀涼瓜再煮30分鐘，用少許鹽、糖、胡椒粉來調味，用紅椒片裝飾即成。

Method

1. Bitter gourd cut into rings and deseeded. Spare ribs blanched. Soybeans soaked in water for 3-4 hours. Drain. Set aside.
2. Salted mustard soaked in light salt water for a while. Sliced. Set aside.
3. Add seasonings to minced pork and mix well. Fully stuff the bitter gourd with the mixture and press firmly.
4. Heat some oil and pan-fry the stuffed bitter gourd for a while. Set aside.
5. Half filled casserole with water, bring to the boil. Put in entirely soaked soybeans and spare ribs. Cook over low heat for 30 min. Put in salted mustard and bitter gourd. Cook for 30 min. Add salt, sugar and pepper to taste. Garnish with sliced red chili. Serve.

家常小菜

59

水瓜粉絲煮釀魚鰾

Braised Stuffed Fish Maw with Vermicelli and Sponge Gourd

不知是有所類同，還是媽媽的偏愛，魚鰾和魚湯已很美味，還要像排骨苦瓜一樣，多塞一點肉，好像嫌家人吃得不夠好，不夠多一樣。口裏嚷、手裏釀，果真沒錯——口裏嚷的是媽媽作初歸新抱時，如何被祖母虧待，而爸爸卻因孝順祖父母而對她不夠好；又說着自己怎樣在刻苦 ◀)) 的日子養大兄姊們……手裏釀的盡是媽媽為家人盡飽口腹之物。媽媽愛邊做邊嘀嘀咕咕的，聽她口頭禪「田螺為仔亡」數十年，見她含辛茹苦，我們五姊妹，只能默默地做個乖巧的女兒來回饋她的勞苦。媽天性愛勞動，不曾見她交朋結友，與鄰里只談幹活的話兒，從不挨家挨戶和別人閒談。和姊姊們談起媽媽不愛「埋堆」的個性，大家都點頭稱是。

小提示

1. 粉絲很吸水索味，不宜太早入湯。

2. 此類水煮物，湯料或水分要適中，調味及烹調時間要控制好，上桌前可依照家人喜好調校或濃或淡味道。

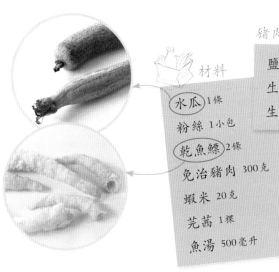

材料

水瓜 1條

粉絲 1小包

乾魚鰾 2條

免治豬肉 300克

蝦米 20克

芫茜 1棵

魚湯 500毫升

豬肉調味

鹽、糖、胡椒粉、生粉、薑汁、酒、生抽、麻油 各少許

魚湯調味

鹽 適量

胡椒粉 適量

麻油 少許

Ingredients : 1 sponge gourd, 1 small pack vermicelli, 2 dried fish bladder, 300g minced pork, 20g dried shrimps, 1 stalk coriander , 500ml fish soup

Seasonings for minced pork : a little salt, sugar, pepper, cornstarch, ginger juice, wine, light soy sauce, sesame oil

Seasonings for fish soup : a little salt, pepper and sesame oil

做法

1. 水瓜洗淨後刨去部分厚片，切角；粉絲浸軟，略剪；乾魚鰾浸軟，切成約2厘米厚的環狀；蝦米浸軟；芫茜洗淨後切碎，待用。

2. 將浸透的魚鰾用熱水稍為拖水，過冷水後，用手擠乾，備用。

3. 免治豬肉加入調味拌勻後，釀入魚鰾件中。

4. 魚湯調味，煮滾後加入蝦米、芫茜及釀魚鰾，煮滾後加蓋煮10分鐘後，加入水瓜件及粉絲。

5. 輕手拌勻材料，以中小火煮5-7分鐘至水瓜軟焓，調味後即可趁熱享用。

Method

1. Scrape off thick skin of sponge gourd, cut into wedges. Vermicelli soaked till tender, roughly cut. Fish maw soaked till tender, cut into 2 cm circular pieces. Dried shrimps soaked till tender. Coriander washed, finely chopped. Set aside.

2. Fish bladder blanched. Squeeze out excess water. Set aside.

3. Add seasonings to minced pork and mix well. Stuff the mixture into the fish bladder.

4. Add seasonings to fish soup to taste. Bring to the boil. Put in dried shrimps, coriander and stuffed fish bladder, bring to the boil, cover and cook for 10 min. Put in sponge gourd and vermicelli.

5. Slightly stir the ingredients. Cook for 5-7 min till sponge gourd tender. Taste. Serve hot.

◀)) 刻苦 (kug kou)

芹菜蘿蔔煮魚

Braised Fish with Chinese Celery and White Radish

特別喜歡這種無魚不歡、湯餚皆備的煮食習慣。水煮法可帶出原汁原味的家鄉風味和食材的鮮味。經典的潮式水煮物中，這裏介紹的四款都是我的摯愛，在邊煮邊唾涎的過程中，也一邊想着這道菜餚有湯有餸，只加碗白飯，便成一頓均衡健康的家常飯餐，這種豐衣足食的滿足感，絕非山珍海錯所能填補。

小提示

沙鯭又稱為剝皮魚。如時令不合，可用鮫魚代替沙鯭魚，做出來的菜式一樣鮮美。

調味

材料

鹽 少許

胡椒粉 少許

沙鯭魚 1條 (約600克重)

白蘿蔔 400克

芹菜 1棵

薑 2片

Ingredients : 1 file fish (approx. 600g), 400g white radish, 1 stalk Chinese celery (sectioned), 2 slices ginger
Seasonings : a little salt, pepper

做法

1 沙鯭洗淨，抹乾後切成3件，用少許鹽略醃；芹菜洗淨後切段，候用。

2 白蘿蔔去皮洗淨，切件後用薑水稍為拖水，過冷河後，用少許油起鑊，炒至乾身後上碟，待用。

3 原鑊加油，將魚件兩面煎至金黃色，加入薑片、芹菜，潲酒，加水約2飯碗，水滾後放入白蘿蔔，加蓋後以慢火煮20分鐘，調味後上碟，趁熱享用。

Method

1 File fish thoroughly washed. Absorb excess water and cut into 3 pieces. Slightly marinate with a little salt. Set aside. Chinese celery washed and cut into lengths.

2 White radish peeled and washed. Cut into pieces, blanched with a piece of ginger. Heat the wok with some oil. Stir-fry till dry. Set aside.

3 With the same wok, add some oil. Pan-fry the fish in both sides till golden brown. Put in ginger slices and Chinese celery. Sprinkle wine over. Pour in 2 cups of water. Once boiled, add in white radish. Cover and cook over low heat for 20 min. Taste. Serve hot.

梅子排骨炆鯽魚

Stewed Tilapia and Spare Ribs with Preserved Plums

潮州水煮物當中，魚湯餸是頗常見的。另一道特色魚湯餸，非鹹菜炆門鱔莫屬。製作時與紅椒片一同烹煮，食味相當不俗。猶記得門鱔肚內淡雞蛋黃色的魚春，連湯汁一起鹹鹹香香的，想起已令人垂涎。

然而，小菜要煮得出色，火喉鑊氣要拿揑得宜；配料要按食材質感、耐煮程度而有分明的下鑊次序；至於要做到得心應手，練習之外還需配合家人的喜好，把軟腍、爽實等口感做出來，這全賴入廚者為愛家人所擺出的心思意念。

而這道菜是哥哥提醒我務必要編入此書中的，說時一度強調媽媽當年如何把此菜做得出神入化，盼望自己做此菜時也能烹調出「媽媽的酸味」呢！

小提示

鯽魚味鮮卻多骨，炆煮時小心翻動，上桌前仍保持其魚身完整為上。

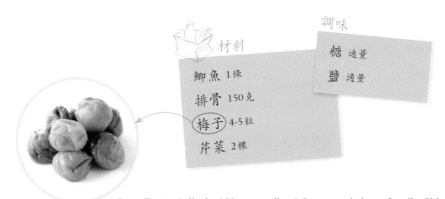

材料
鯽魚 1條
排骨 150克
梅子 4-5粒
芹菜 2棵

調味
糖 適量
鹽 適量

Ingredients : 1 tilapia, 150g spare ribs, 4-5 preserved plums, 2 stalks Chinese celery
Seasonings : pinch of salt and sugar

做法

1. 鯽魚打鱗去內臟，洗淨後瀝去水分，抹乾備用；排骨洗淨，出水後瀝乾；梅子搗爛後去核；芹菜洗淨後切段，備用。
2. 起鑊，加油少許，將排骨炒香至微金黃色後盛起。
3. 原鑊加油，放入鯽魚，煎至兩面呈金黃色。
4. 排骨回鑊，加滾水至剛蓋過魚身，拌入梅子及芹菜，輕手翻動，收小火加蓋炆煮25-30分鐘，調味後即成。

Method

1. Tilapia thoroughly washed. Spare ribs blanched, rinsed. Preserved plums crushed, stoned. Chinese celery washed and cut into lengths.
2. Heat the wok with a little oil. Sauté spare ribs till fragrant and slightly brown. Set aside.
3. Heat the same wok with a little oil. Pan-fry tilapia till both sides golden brown.
4. Put spare ribs back to the wok. Add boiling water till fish entirely immersed. Gently stir in plums and Chinese celery. Cover. Cook over low heat for 25-30 min. Season. Serve.

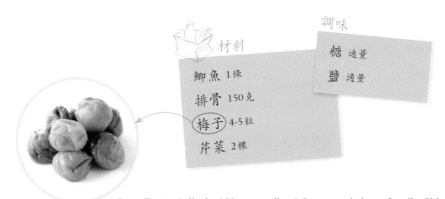

家常小菜

薑汁酒方魚炒芥蘭
Stir-fried Chinese Kales with Dried Flatfish

中式小炒，事前準備材料的時間，往往比烹調及進食時間都要長。摘芥蘭時，要注意分清老、嫩梗，用手摘比用刀切更能感受清楚。觸感是最難傳授的，所以手藝之作都是熟能生巧。家裏如有咀尖嗜吃之人，這些工序更不能假手於人。甚麼時候加火、加蓋、下調味等，多練習便能拿捏得更準繩。菜式其實沒有大小之分，只有大廚和小廚之差，當做廚的拿起薑磨、鏟子，即見高下，小菜頓成大菜。

去老梗的示範

小提示

1. 青菜要先洗後摘才不致失味。
2. 必要時，潷薑汁酒前，可視乎火喉及芥蘭的粗幼而先潷幾
   滴水，待芥蘭煮至將熟及乾身時，才潷薑汁。

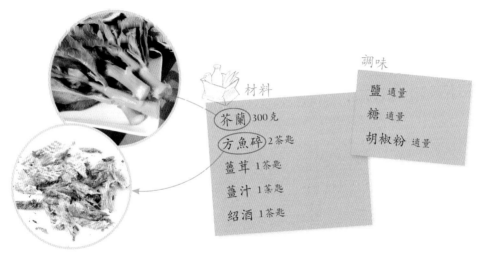

材料

調味

芥蘭 300克

方魚碎 2茶匙

薑茸 1茶匙

薑汁 1茶匙

紹酒 1茶匙

鹽 適量

糖 適量

胡椒粉 適量

Ingredients : 300g Chinese kales, 2 tsp dried Flatfish bits, 1 tsp mashed
ginger, 1 tsp ginger juice, 1 tsp Xiao Xing wine
Seasonings : adequate amount of salt, sugar, pepper

 做法

1 芥蘭洗淨後用手摘去花、老梗及老葉部分，用瓜菜刨刨去粗莖部分，候用。

2 薑汁與紹酒混合，備用。

3 起鑊，燒熱1湯匙油，放入芥蘭，急炒數下，加入薑汁酒，炒勻後立即加蓋焗1分鐘。

4 打開鑊蓋，加入調味、薑茸及一半方魚碎，急炒至菜熟及梗爽葉焓，炒至乾身後上碟，灑入餘下的方魚碎，即可享用。

Method

1 Chinese kales washed. Discard flowers, old stalks and tough leaves. Shave off coarse peels of stems.

2 Combine mashed ginger with Xiao Xing wine and mix well.

3 Heat 1 Tbsp oil on wok. Put in Chinese kales. Stir-fry for a while. Put in ginger wine mixture. Stir-fry for a while. Cover, cook for 1 min.

4 Add in seasonings, mashed ginger and half of Flatfish bits. Stir-fry till Chinese kales cooked with stalks crispy and leaves tender. Stir-fry till excess water evaporated. Sprinkle remaining Flatfish bits over. Serve.

方魚 (ti bow)

六

宴客菜 家庭

爸爸、媽媽、爺爺等長輩生日、冬至、年卅晚、中秋節各樣的大節慶，我們都會齊齊整整地聚在一起吃這些大菜。從小，我便很喜歡這些節日，除了是人齊團圓外，我們家會在店內店外各開一圍，由大姐夫當主廚，品嚐由他一手泡製的節日菜，由洗、切、調味、下鑊，一切由他包辦，我看得入神，吃得過癮。當然飯後碗盆狼藉的場面，我是沒處逃了。

我的大姐夫經常笑口常開，十分注重形象，也是個典型的潮州大
男人，然而他和我爸爸都很相像——寡言、對子女一視同仁，有
別於一般人對潮州人重男輕女的印象。他們惺惺相惜，感情十分
要好。爸爸往生廿多年，每年掃墓登高，大姐夫從沒缺席過。說
到做菜，大姐夫最要家的是蔥燒腩肉甜芋頭、蝦棗和果肉，做菜
時，他都是氣定神閒的，如今我再做這些菜式，都會想起他掌廚
時認真的模樣。

凍蟹
Chilled Crab

從前吃蟹的機會很少，蟹是飯桌上罕有之物。我年幼無知時，當是罕見之矜貴食材，如今吃來雖沒很大的感情元素，然而因在家親自泡製，為家人朋友大夥兒一起啃蟹拑、把蟹肉你推我讓放進孩子或長輩口中，反覺得那心意比蟹肉更甜更美。

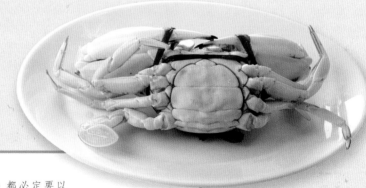

小提示

1. 凡用作冷吃的食材，都必定要以新鮮為上。

2. 花蟹、三點蟹、白蟹、青蟹及紅蟹，皆可做成凍蟹。選蟹時，以生猛、色澤光鮮、「墜」手及合時為佳。

3. 海蟹本身有鹹香味，不用蘸料也很美味。如有需要，亦可選用紅醋配薑絲以作蘸料。

此圖蟹的背面中間蟹奄呈圓形，為蟹嬤（雌蟹），膏較多；若蟹蓋尖則為蟹公（雄蟹），肉質較爽實。

材料

花蟹 1隻(重約400-500克)

Ingredients : 1 sea crab (approx. 400-500g)

 做法

1 花蟹連水草沖洗乾淨,瀝乾後放入冰箱內冷藏2-3小時。

2 取出花蟹,蟹肚向上放碟上,置於鑊內以大火蒸15分鐘。

3 取出蒸好的花蟹,除掉水草,倒掉蟹水,待涼後放入冰箱內冷凍3-4小時。

4 進食前,取出凍蟹,揭開蟹蓋,除掉腮,取肉切件,或原隻上碟,凍食。

Method

1 Thoroughly wash sea crab with water straw bounded. Fully drained. Chill for 2-3 hours.
2 Place crab on a plate with its belly facing up. Steam over high heat for 15 min.
3 Untie the straw. Discard the water on the plate. Let cool. Chill for 3-4 hours.
4 Remove the crab shell. Discard the gills. Crab meat retained. Serve cold. Chilled crab can be served in whole as well.

川椒雞

Light-fried Chicken with Chuanjiao

忘記了是哪一年，我第一次看到葉子通透的珍珠葉，還以為它只是裝飾伴碟用的，豈料夾起一片炸得又薄、又鬆、又脆的珍珠葉，入口即溶，甚覺驚喜。怎料再嚐嚐時，卻因它的淡而無味而沒有了第一次的驚喜，甚而覺得不外如是。但為了做這道菜，為了找新鮮的珍珠葉，我走盡了九龍城街市仍遍尋不獲，原來菜販們都把珍珠葉交到食肆去了。我不失望，試用菠菜葉剪碎，如法泡製，然而它帶着苦澀味，只能用作裝飾，吃的時候還是專注雞肉的嫩滑和川椒油的麻香好了。

小提示

1. 川椒油與薑汁同用，有溫血行氣之效用。

2. 川椒油可用作起鑊、調味、佐粉麵及炒菜等，可謂用途廣泛，可自行製作，方法見下：

   材料： 油3湯匙，川椒1湯匙

   製法： 1) 鑊中放油，不用加熱，立刻放川椒，開小火將川椒炒至微金黃色時，改用中火炒川椒至香味四溢。

   　　　　2) 倒出，隔去川椒粒，川椒油冷卻後入瓶候用。

材料

調味

生粉 2茶匙

川椒油 1茶匙

薑汁 1茶匙

鹽、糖 各1/4茶匙

麻油 適量

胡椒粉 少許

紹酒 少許(後下)

雞髀肉 2件

川椒葉(珍珠葉) 3-4棵

川椒油 3湯匙

Ingredients : 2 chicken thigh meat, 3-4 stalks Chuanjiao leaves
(also called pearl leaves), 3 Tbsp Chuanjiao oil
Seasonings : 2 tsp cornstarch, 1 tsp Chuanjiao oil, 1 tsp ginger
juice, 1/4 tsp salt, 1/4 tsp sugar, dash of sesame
oil, pinch of pepper, dash of Xiao Xing wine
(added finally)

 做法

1 雞髀肉去皮切件,加調味醃20分鐘,候用。

2 用中火燒熱川椒油,加入雞件,半煎炸至剛熟,離鑊前開猛火,兜
炒一會上碟,瀝去油分。

3 原鑊倒起餘下油分,雞件以大火回鑊爆香,潷酒後兜炒數下上碟。

4 川椒葉用大火炸脆,瀝油後圍碟邊即成。

Method

1 Remove skins of chicken thigh meat and cut into pieces. Marinate for 20 min. Set aside.

2 Heat the wok with Chuanjiao oil. Shallow fry chicken thigh meat till just cooked. Switch to high
heat and stir-fry for a while before removing from wok. Drain excess oil.

3 With the same wok and remaining oil, sauté chicken pieces over high heat till fragrant. Sprinkle
wine over and stir-fry for a while. Serve.

4 Deep-fry Chuanjiao leaves over high heat till crispy. Drain excess oil. Place the leaves around
the edge of the plate. Serve.

蝦棗
Shrimp Balls

蝦棗、蟹棗和果肉是潮州大菜的三寶，蝦棗和蟹棗製法相若，在此不多贅述，製作蟹棗，除了無需用上馬蹄，與及在蝦膠內加些鮮拆蟹肉，其餘照樣泡製便可。我不諱言如一些食家所説，傳統上蝦、蟹棗加一點肥肉粒會更美味，自家製在不損健康的前提下，加點肥肉粒也無不可。因在潮式酒樓食肆中吃到的蝦棗，所加的肥肉實也不少呢！

小提示

1. 馬蹄選圓圓矮矮短蒂的，才會較清甜。

2. 中蝦連殼一斤(600克)，洗淨吸乾水分後，便成
   淨肉300克。

3. 要做爽口彈牙的蝦膠，以下元素缺一不可：

   - 蝦一定要新鮮

   - 蝦肉必須乾身

   - 用刀背剁蝦膠及以同一方向攪打，可保持蝦的
     纖維糜爛中帶完整

   - 冷藏降溫可抽去水氣

把拍爛、加了調味
的蝦肉用同一個方
向攪拌至起膠。

材料

中蝦 600克 或 淨蝦肉 300克

馬蹄 1粒 (去皮‧切碎)

芹菜粒 1湯匙

麵粉 1湯匙

桔油 1小碟

生粉 少許

調味

鹽 1/4茶匙

蛋白 1茶匙

胡椒粉 少許

Ingredients : 300g shelled shrimps, 1 peeled and chopped water chestnut,
1 Tbsp chopped Chinese celery, 1 Tbsp plain flour, 1 small
plate tangerine oil, pinch of cornstarch
Seasonings : 1/4 tsp salt, 1 tsp egg white, pinch of pepper

 做法

1 中蝦去殼去腸，蝦肉用生粉去潺後
洗淨，吸乾水分，拍成蝦膠，用刀
背剁爛，加入調味料，拌勻灑入麵
粉，用同一方向拌勻，攪打至起膠，
加入馬蹄碎及芹菜粒，拌勻後放入
冰箱內冷凍1-2小時。

2 將蝦膠取出，以湯匙做成多個圓球
狀，放熱油內炸至金黃色，瀝油後
上碟，以桔油伴吃。

Method

1 Shelled shrimps thoroughly washed with cornstarch.
Absorb excess water. Beat and chop with the back
of a kitchen knife to form smashy paste. Put in
seasonings and stir well. Sprinkle plain flour over,
stir in one direction till sticky. Put in chopped water
chestnut and celery. Mix well. Chill for 1-2 hours.

2 Shape shrimp paste into balls. Deep-fry shrimp
balls in hot oil till cooked and golden brown. Drain
excess oil. Serve with tangerine oil.

果肉
Minced Pork Rolls

這道果肉是要在老人家生日時才出場的，此菜也必須由大姐夫這「老手」親自出馬來泡製。我這小看家，當年看得入神，姐夫做得全神。他教我，要果肉不鬆散，便要在餡料內加些蛋汁。傳統肉餡會有肥肉粒，但都給我這現代潮州妹省掉了。

小提示

1. 為去油膩感，蘸料可用紅醋、香醋、蝦棗用的桔油。只要家人喜歡，熱騰騰地享用，甚麼蘸料來伴食都是很滋味的。
2. 豬肉餡最好用手來搓勻，使肉質結實。
3. 切生肉卷的刀要夠鋒利，切前沾點清水，就能切出完整形狀。
4. 果肉入油前一定要用竹筷子測試油溫；當竹筷子入油時見小白泡持續浮起，便可輕輕放入果肉。
5. 生炸果肉卷難度較高，要小心油鑊，但食味較佳。希望讀者能愈做愈好！

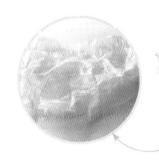

材料

免治豬肉 300克

馬蹄肉 2粒

腐皮 1塊

蛋液 1湯匙

麵粉糊材料

麵粉 1湯匙

水 2湯匙

調味

生粉 2茶匙

鹽 1/4茶匙

糖、生抽 各少許

胡椒粉、麻油 各少許

Ingredients : 300g minced pork, 2 water chestnuts, 1 bean curd sheet, 1 Tbsp beaten egg

Plain Flour Paste : 1 Tbsp plain flour, 2 Tbsp water

Seasonings : 2 tsp cornstarch, 1/4 tsp salt, a little sugar, light soy sauce, pepper and sesame oil

做法

1 免治豬肉加入調味及蛋液拌勻；馬蹄去皮洗淨，切成幼粒後，再拌入免治豬肉中，放入冰箱內冷藏2小時。

2 麵粉及水拌勻成麵粉糊。

3 腐皮剪去硬邊，用濕布抹乾淨，用剪刀修剪成2塊20×20厘米的正方形，將腐皮重疊，中間掃一層麵粉糊，使其黏合。

4 取出免治豬肉，打長鋪在腐皮中央成條狀，捲起腐皮，用麵粉糊收口，兩頭露出的肉餡也拍上一層麵粉糊，壓實肉餡。

5 將肉卷用利刀切成3-5厘米的果肉粒。

6 燒熱一鑊油，小心放入果肉，用中火油炸至餡熟及外面呈金黃色，撈起後稍稍瀝去油分；再燒熱油，把果肉炸第二次，瀝乾油分後，趁熱享用。

Method

1 Add seasonings and egg to minced pork. Mix well. Water chestnuts peeled, washed, finely chopped, mixed well with minced pork. Chill for 2 hours.

2 Combine plain flour and water to form a sticky paste.

3 Trim the hard edge of bean curd sheet, wipe clean. Cut into two 20cm x 20cm square sheets. Put one sheet on top of the other. Apply flour paste in between to stick.

4 Put minced pork mixture in the center of bean curd sheet. Roll over and seal with flour paste. Firmly press the fillings. Flour both ends.

5 Section the roll in 3-5cm long with a sharp knife.

6 Heat a wok of oil. Carefully put in rolls and deep-fry till entirely cooked and golden brown. Drain excess oil. Reheat the oil, deep-fry the rolls for the second time. Drain excess oil. Serve hot.

梅子蒸大鱔
Steamed Eel with Preserved Plums

如今需要煮大鑊飯、三代同堂的家庭已經愈來愈少了。昔日，米舖內的大排筵席，都是阿公（即祖父）或爸媽生日的日子。每次都是店內一大圍（長輩一席），店外近行人路處一小圍（小孩子和後輩一席）。我呢，最喜歡兩邊走，站着吃，易走位。最後收拾摺椅碗桌和「執餸頭餸尾」的工夫，都少不得我，因為沒把場面清理好，就不許上樓睡覺。這些家規，我們幾個小妹都習以為常，長兄為父，只要哥哥眼睛一轉，大家都自動波埋位。

小提示

1. 買白鱔魚時，可請魚販用滾水稍燙，以小刀刮走白色黏物，代為去潺。

2. 蟠龍鱔將熟透時，另用鑊煮梅子醬汁，便可趁熱把醬汁淋上，時間拿捏準確，便可將菜餚熱騰騰奉桌。

調味

鹽 適量
糖 適量
胡椒粉 適量

材料

白鱔魚 半條　　薑 2片
梅子 4粒　　　生粉水 少許
芹菜 1棵　　　油 1湯匙
紅椒 1/2隻　　水 100毫升

Ingredients : 1/2 white eel, 4 preserved plums, 1 stalk Chinese celery,
　　　　　　1/2 red chili, 2 slices ginger, a little cornstarch solution,
　　　　　　1 Tbsp oil, 100 ml water
Seasonings : adequate amount of salt, sugar, pepper

 做法

1 白鱔魚去潺洗淨後，抹乾水分，去刺骨後切成蟠龍狀，用少許鹽及胡椒粉略醃白鱔，置深碟內。

2 白鱔魚碟放上薑片，用大火蒸15-20分鐘至熟，倒去水分，拿掉薑片。

3 梅子去核搗爛成茸；芹菜洗淨，去葉後將莖切成段；紅椒洗淨後切片，候用。

4 燒油1湯匙，爆香紅椒、芹菜、梅子茸，加水100毫升，炒勻後加入調味，略炒後埋生粉水，煮至濃稠後落尾油拌勻，淋在蒸好的大鱔上，趁熱進食。

Method

1 Remove all mucus on surface of blanched eel and wash thoroughly, absorb excess water. Remove sharp bone on edge and cut into thick rings. Marinate eel with a little salt and pepper for a while. Keep in a deep bowl.

2 Put sliced ginger and eel on a plate, steam over high heat for 15-20 min. Discard ginger slices and excess water on plate.

3 Preserved plums stoned and mashed. Chinese celery washed, removed leaves, section stems. Red chili washed, sliced. Set aside.

4 Heat 1 Tbsp oil on wok. Sauté red chili, Chinese celery and mashed plums. Pour in 100 ml water and stir. Add seasonings, stir-fry for a while. Pour in cornstarch solution, cook till thickened. Pour plum sauce on steamed white eel. Sprinkle dash of oil on top. Serve hot.

七

粥麵飯裹腹

潮式的粥麵飯，我最愛的是食潮州粥和炒麵線。少油、清淡和鹹香，就是潮州粥麵飯的特式，它們既能裹腹，又讓人有豐足的感覺。無論吃炒麵抑或炒飯，總少不了蘸上潮州辣椒油，有了它，那種潮州味道就出來了。

聽一位前輩説，自家炒辣椒油，一定要有足夠的裝備──戴着游泳鏡來保護眼睛，口罩加濕毛巾蓋着鼻和口來保護咽喉，手拿鑊鏟，開盡抽氣扇，才能免卻在炒辣椒油的時候被嗆着。從前家舖面向大球場，一家泡製辣椒油，家家聞香氣而知，通爽地方也如此，所以大家還是不要在家嘗試，只需抱着欣賞和敬禮的心態，吃現成的潮州辣油好了。

潮 州 粥
Chiu Chow Congee

我 最喜愛於早上空肚時，掏一碗暖暖綿綿的粥水◀))飲下。晨早時，腸胃能得以在正氣而清新的狀態中給喚醒，真是個養生之道！在傳統的潮州家庭裏，老人家起床就是要為全家人煲個粥，放在桌上，讓家人任何時間，不分早午晚，都可以用筷子扒上一兩口，加一些鹹菜、春菜、芥蘭條等鹹雜，既可裹腹，也覺滋味。這種省時省力的飲食文化，在潮州家庭是不分季節、不分氣候，天天上演的。

小提示

1. 我們習慣用大鍋，以足夠火力，打開煲蓋來煮潮州粥，如此粥煲起來才不會溢出。
2. 潮州粥的特色是仍有完整米粒可見，不會煮得太濃稠或糜爛。
3. 潮州人是用筷子來吃粥的，很明顯攝影師不是自己人◀))，所以拍攝時配了湯匙。

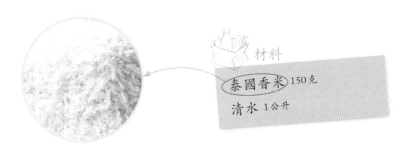

材料

泰國香米 150克

清水 1公升

Ingredients : 150g Thai fragrant rice, 1 litre clear water

 做法

1 香米洗淨，候用。

2 燒滾清水，加入米，用中上火煮約15分鐘至米剛爆開，呈米花狀即成。

Method

1 Rice washed. Set aside.

2 Bring clear water to the boil. Put in rice and cook over medium high heat for 15 min till the grains split open. Serve.

🔊 粥水 (mue um)   🔊 自己人 (ga gi nun)

蠔仔粥

Baby Oyster Congee

說起蠔仔粥，我更懷念的是大姐夫弄的鱠魚片粥，這是用鱠魚的頭骨腩墊成湯底，魚肉斜刀切片成啖啖肉，再加上很多冬菜而成的，如今邊寫邊想，邊食指大動。

我家孩子小時，也弄過一次，那次是因為魚販願意替我將鱠魚起肉，盛情難卻，只好「幫襯」。自此便和魚販熟稔起來，街市裏的人情味也就是這樣慢慢建立的。回想小時在家門前，劏魚、打鱗起肉、切片，一條龍都是自家包辦的。相比起來，現今入廚可舒服多了。

小提示

1. 蠔仔要用生粉洗乾淨，沖水，去泥污後，重複用生粉沖洗一次，置水喉下沖洗至水清，瀝乾。
2. 洗蠔時，要小心檢查有否蠔殼。如非即用，蠔仔可用水浸着，在冰箱內存放一天。
3. 方魚用手撕，以起出肉，再用油炸、放入焗爐烘香，或以傳統鐵鑊以白鑊炒香等方法處理。烘香或炸脆方魚後，壓碎入密封小瓶，貯起待用。
4. 冬菜、方魚、芫茜、葱，在這粥裏與蠔仔一樣，都是主角，缺一不可。

材料

蠔仔 100克　　　蔥 1棵
冷飯 1飯碗　　　方魚碎 1湯匙
免治豬肉 80克　　冬菜 少許
芫茜 2棵　　　　薑 1片

豬肉調味
胡椒粉 少許
鹽、糖 各少許
麻油、生粉 各少許

粥的調味
鹽 少許
胡椒粉 少許

Ingredients : 100g baby oysters, 1 bowl cooked rice, 80g minced pork, 2 stalks coriander , 1 stalk
　　　　　spring onion, 1 Tbsp dried Flatfish bits, some preserved vegetables, 1 slice ginger
Seasonings for minced pork : a little salt, sugar, pepper, sesame oil, cornstarch
Seasonings for congee : a little salt, pepper

做法

1. 蠔仔洗淨後用大滾水加薑一片，拖一拖水，撈起後再用清水沖淨，瀝乾候用。

2. 免治豬肉加入調味醃片刻。

3. 芫茜及蔥分別摘洗乾淨，芫茜切碎，蔥切粒，備用。

4. 起鑊，加油少許爆香薑片，取出後加入肉碎炒至熟，灒少許酒後上碟，留用。

5. 原鑊加入熱水 3-4 個飯碗，燒滾後加入冷飯，煮開，滾起後加入肉碎及半湯匙方魚碎，轉小火煮 2 分鐘，轉大火加入蠔仔、芫茜碎及蔥粒，蠔仔煮熟後加入調味，試味後加入冬菜，置於湯碗內，灑入餘下方魚碎，即可上桌，趁熱享用。

Method
1. Small oysters thoroughly washed, blanched. Drain. Set aside.
2. Season minced pork for a while.
3. Coriander and spring onion washed and finely chopped.
4. Heat some oil on wok. Sauté ginger till fragrant, then discard ginger. Stir-fry minced pork till cooked. Sprinkle wine over. Set aside.
5. With the same wok, bring 3-4 cups of water to the boil. Put in cooked rice, bring to the boil. Put in minced pork and half spoonful of Flatfish bits, switch to low heat, and cook for 2 min. Switch to high heat, put in baby oysters, coriander and spring onion, boil until baby oysters entirely cooked. Add seasonings to taste. Put in preserved vegetables. Transfer the congee to a large bowl. Sprinkle Flatfish bits over. Serve hot.

潮州炒麵線
Chiu Chow Stir-fried Noodles

潮州麵線的質感煙煙韌韌，味道鹹鹹香香，風味十足，惹人唾液。記憶中，媽媽炒麵線前，會隨手用上酬神後剩餘的材料，好像灶頭肉、炸魚片頭、魷魚仔等切成絲後作炒麵線的配料，簡直是有智慧又惜物。炒麵線時，媽媽和我也習慣雙手各拿一對竹筷子，四筷合壁，我們稱之為「兜麵條」◄)），目的是使材料均勻佈滿麵線之間，比只拿鑊鏟更省力氣，大家不妨試試。

算起來，媽媽五個女兒，做菜最耍家的應算大家姐，她盡得媽媽真傳，兜麵條也是她的拿手好戲。如今我和大家分享家鄉菜式，大家姐成了我的Number One顧問。

小提示

1. 炒麵線的鑊氣必須充足，此麵線和熱騰騰的潮州粥簡直絕配，吃着自覺豐足。
2. 如能吃辣，這道潮州炒麵線蘸上潮州辣椒油同吃，別有風味。

麵線兩吃：除了食譜介紹的，也可做成甜麵線。

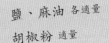

材料

潮州麵線 1/2 細 雞蛋 2隻

韭菜 150克 薑 1大片

芽菜仔 100克 紹興酒 少許

潮州炸魚片 80克

調味

鹽、麻油 各適量

胡椒粉 適量

Ingredients : 1/2 bundle Chiu Chow noodles, 150g chives, 100g mungbean
sprouts, 80g Chiu Chow deep-fried fish fillets, 2 eggs, 1 big slice
ginger, dash of Xiao Xing wine

Seasonings : adequate amount of salt, sesame oil, pepper

 做法

1 麵線放入大滾水內煮開，瀝乾後沖凍水至
完全冷卻，再瀝乾，候用。

2 韭菜洗淨後切成段；芽菜仔浸洗後去根；
潮州炸魚片洗淨後切成絲，備用。

3 雞蛋打勻，入鑊煎成薄餅形，取出待冷，
切絲備用。

4 原鑊加入芽菜仔及韭菜，加鹽少許後炒
勻，潠酒，急炒片刻，上碟候用。

5 原鑊加油 3-4 湯匙，燒香薑片，取出棄掉，
加入麵線炒至熱透，加入調味料兜炒，再
加入韭菜及芽菜仔、炸魚片及蛋絲，炒
勻。如有需要，可下尾油、麻油，炒勻後
上碟，趁熱享用。

Method

1 Cook noodles in boiling water till loosen. Drain and rinse. Let cool and drain. Set aside.

2 Chives sectioned. Roots of mungbean sprouts discarded. Fish fillets shredded. Set aside.

3 Eggs beaten. Pan-fried, let cool and shred. Set aside.

4 Stir-fry mungbean sprouts and chives. Sprinkle a little salt and wine. Quickly stir-fry for a while. Set aside.

5 Sauté ginger with 3-4 Tbsp heated oil till fragrant. Discard ginger. Stir-fry noodles with seasonings. Add sautéed ingredients. Stir well. Add sesame oil if desired. Serve hot.

🔊 兜麵條 (dau mi diao)

芋頭飯
Stir-fried Rice with Taro

芋泥、炆甜芋頭、芋頭粿、芋頭飯等，都是潮州菜式，可見芋頭是潮州常用食材（也是我喜愛的食材之一）。記憶中此芋頭飯兒時只嚐過一兩次，最喜愛的是那脆花生（潮州人稱之為豆仁 ◀)))與飯粒同嚼時的感覺。我小時也常幫忙起鑊炒豆仁，看到豆仁在白鑊上炒得跳來跳去，然後轉置入笲箕內，一邊左搖右晃，一邊用口吹走豆仁外衣，我還會偷偷往嘴裏送上十多粒去衣豆仁，真箇又好玩又好吃！

將豆仁連衣炸脆，趁熱加鹽，就是鹽脆花生，配上芋香、臘肉香、蝦米的魚香，還有米飯之香，這道既樸實不華，又香氣四溢的炒飯，還能忍得住口嗎？

小提示

1. 加入冷飯後，要用猛火急炒，這樣鑊氣才夠。
2. 除了鑊氣外，必要時可在鑊邊加入少許油，又或灑數滴熱水，務求嚐到唥唥香、爽、軟熟及暖氣十足的家鄉芋頭飯。

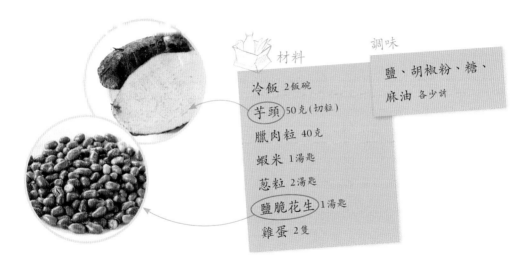

材料

冷飯 2飯碗

芋頭 50克(切粒)

臘肉粒 40克

蝦米 1湯匙

蔥粒 2湯匙

鹽脆花生 1湯匙

雞蛋 2隻

調味

鹽、胡椒粉、糖、麻油 各少許

Ingredients : 2 bowls cooked rice, 50g diced taro, 40g diced Chinese sausage, 1 Tbsp dried
shrimps, 2 Tbsp spring onion dices, 1 Tbsp salty crispy peanuts, 2 eggs
Seasonings : a little salt, pepper, sugar, sesame oil

 做法

1 芋頭去皮洗淨後切粒，置熱油內炸熟，撈起瀝乾油分，待用。

2 臘肉洗淨蒸熟後切粒；蝦米洗淨，用熱水浸軟；雞蛋打勻，備用。

3 起鑊燒熱少許油，加入蛋汁，急炒至半熟，推至鑊邊。

4 隨即加入臘肉粒及蝦米急炒片刻，與嫩蛋拌勻，立刻加入冷飯，邊炒邊加入調味，最後加入芋頭粒、蔥粒及鹽脆花生，與及麻油少許，炒香後加點尾油，即可上碟，趁熱進食。

Method

1 Taro peeled, diced, deep-fried till cooked. Drain. Set aside.
2 Steam Chinese sausage till cooked, diced. Dried shrimps soaked till soft. Eggs beaten.
3 Quick stir-fry eggs with a little oil till half cooked. Put aside on wok.
4 Add Chinese sausage and dried shrimps. Quickly stir-fry with eggs. Add cooked rice. Keep stir-frying, add seasonings, taro, spring onion dices, peanuts, sesame oil in order. Serve hot.

🔊 豆仁 (dau zin)

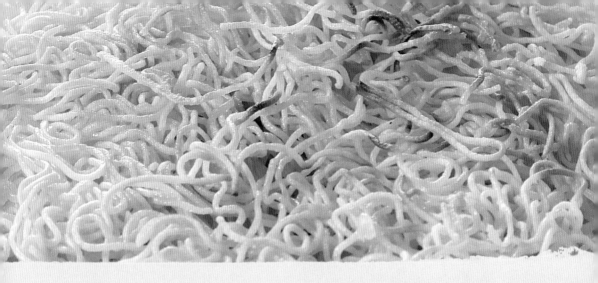

兩面黃
Crispy Noodle Cake

這道兩面黃，我稱之為「現代傳統的」潮州麵食，因為我小時候吃的盡是濕淋淋的甜麵條，現今在潮式食店吃的是用油炸的食法，但卻被稱為傳統食品；情況就如潮州人家原本吃的糖漬芋頭一樣，如今都給反沙芋取代了。如果要分類，其實兩面黃除了當麵食外，也可當為小吃，視乎如何與其他菜餚搭配。現順應潮流，也列入麵食當中。

小提示

在潮州食肆中所吃的兩面黃，多數是以油炸方式來製作，這樣做雖然省時，但卻十分油膩。不妨在家中用這個半煎炸隔油方式來製作，一來避免吃到食肆的千年油，二來也可減少油分的吸收。

蘸料

香醋 1小碟

白砂糖 1小碟

材料

蛋麵餅 1個

麻油 1茶匙

Ingredients : 1 egg noodles, 1tsp sesame oil
Dippings : 1 small plate balsamic vinegar, 1 small plate granulated sugar

做法

1. 麵餅出水，過冷河後瀝乾，拌入麻油，挑鬆待用。

2. 燒熱鑊，加3湯匙油，用手捏起麵條，徐徐鬆散地將麵餅放入油鑊中，使其成為圓麵餅，用中小火煎至金黃香脆。

3. 反轉另一面，將麵餅也煎至鬆脆成金黃色，將鑊打側，倒去多餘油分，鑊乾身後，將麵餅烘脆，即可上碟，與蘸料同上，用糖或醋伴吃，同樣美味。

Method

1. Noodles blanched. Drain. Mix well with sesame oil.
2. Heat 3 Tbsp oil on wok. Loosen noodles and gently spread to form a circle on wok. Pan-fry both sides over medium-low heat till crispy golden brown.
3. Tilt the wok to remove excess oil. Toast noodles on both sides till crispy. Serve hot with dippings.

八

小吃

大多數潮州婦女天性愛勞動，烹調、洗濯、曬晾完畢，還精力十足，總沒停下來歇一歇的時候。媽媽中年時，已被一身風濕痛症纏擾，這就是她依賴我這幫手幹活的主要原因。有了我當媽媽的副手，她也樂此不疲地用了她休息的時間多弄點小吃。愛做美食如此，讓我也得着豐盈的回憶。

和小菜一樣，潮州小吃裏裏外外都平實非常，不矯揉，不造作，只求突出食材滋味，這都與我曾接觸的「自己人」率真性情不遑多讓。希望這裏的食譜可以融入家中，讓讀者無須到潮州菜館，亦能一嚐潮州風味的特色小吃。

水瓜烙

Sponge Gourd Pancake

這 裏做的是鹹的水瓜烙，但其實也可作成甜的。若做甜的水瓜烙，便要在粉漿中加入砂糖及花生碎，做出來的會是截然不同的風味。潮州人在做菜上充滿智慧，一魚兩味、豆腐兩吃、麵線兩吃……都是能鹹能甜，迎合不同口味人士。飲食如做人，事事遷就別人的喜好，你好，我好！

水瓜烙示範

小提示

1. 水瓜烙不當造時，可用絲瓜（即勝瓜）代替。
2. 調味中的胡椒粉是主角，不妨多下一點。

材料

水瓜 120克

豬肉碎 60克

蝦米 1茶匙

番薯粉 50克

清水 125毫升

調味

鹽、糖 各適量

胡椒粉 適量

麻油 適量

Ingredients : 120g sponge gourd, 60g minced pork, 1tsp dried shrimps, 50g sweet potato starch, 125ml water
Seasonings : salt, sugar, pepper, sesame oil to taste

做法

1 水瓜用瓜菜刨去皮後切薄片，待用。

2 豬肉碎用少許鹽及糖略醃，炒熟後盛起，候用。

3 蝦米浸軟後瀝乾，略炒後盛起，備用。

4 番薯粉與清水拌勻，浸15分鐘後拌入調味及所有配料。

5 起鑊，燒熱1湯匙油，大火一邊攪拌一邊倒入粉漿，可煎成一餅或分兩次落鑊亦可。

6 粉漿煎至凝結及成透明狀時，即轉中火繼續煎至金黃色，反轉水瓜烙，轉中上火把水瓜烙煎熟及呈金黃色，即可上碟，趁熱享用。

Method

1 Sponge gourd peeled, thinly sliced.

2 Marinate minced pork with a little salt and sugar. Stir-fry till cooked.

3 Dried shrimps soaked till soft. Drain. Slightly stir-fry.

4 Sweet potato starch blended well with water. Stay for 15 min. Stir in seasonings and all ingredients.

5 Heat 1Tbsp oil on hot wok. Blend and pour in batter. Pan-fry to make one or two pancakes as desired.

6 Pan-fry batter till transparent. Switch to medium heat and fry till both sides turn golden brown. Serve hot.

蠔烙
Pan-fried Oyster Cake

爸爸愛吃蠔烙 ◀)) ，尤愛吃剛做好熱騰騰的蠔烙，如果冷卻了一點才奉上他嘴邊，便會見到他不悦之色。爸爸鮮有下廚，記憶中唯一的一次：當我九歲時，矮小的我站在木箱上為爸爸嘗試煎第一隻荷包蛋，爸爸眼看雞蛋煎得過熟，便叫我趕快反蛋，結果雞蛋給我反穿了，他隨即把鑊鏟取過來，便幫忙善後妥當。那種親切的相處，還好像在昨日一樣。更實在的那幕是我讀小學時，爸爸愛在我上學前到店後的泰興茶樓品茗，然後帶來一盅排骨飯給我作早餐，每次接過爸爸手中的排骨飯，瞇眼望望他因趕得及給女兒吃飽的滿足感，小小心靈早被父愛融化了。誰說潮州男人重男輕女？在我家看來，絕非事實呢！

小提示

1. 如果用豬油來烹煮蠔烙，風味更佳。
2. 坊間吃的蠔烙又脆又金黃，與用油量多絕對有關，還是少吃為妙。
3. 清洗珍珠蠔時要小心，要保持蠔身的完整，勿弄穿蠔身，這樣做出來的蠔烙才好看又好吃。
4. 用大火拖蠔至半熟時，時間會因蠔的大小而有異。如果洗蠔時見蠔的大小不一，可將較大的蠔揀出先去拖水，隨後才放入餘下的。如見水開始起泡，略為攪拌，蠔便可離火，再次用清水沖淨，瀝乾水分後才入粉漿。
5. 如怕蠔有腥味，拖水時可加入薑葱。

煎蠔烙示範

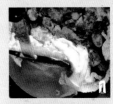

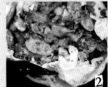

材料

粉漿調味

鹽、胡椒粉 各少許

珍珠蠔 200克　　葱 2棵
番薯粉 50克　　水 150毫升
免治豬肉 50克　　鴨蛋 2隻
芫茜 2棵　　魚露 少許(後下)

豬肉調味

鹽、生粉 各少許
胡椒粉、麻油 各少許

Ingredients : 200g baby oysters, 50g sweet potato flour, 50g minced pork, 2 stalks
　　　　　　coriander, 2 stalks spring onion, 150 ml water, 2 duck eggs, dash of fish sauce
Seasonings for batter : salt, pepper to taste
Seasonings for minced pork : salt, cornstarch, pepper, sesame oil to taste

做法

1 珍珠蠔用生粉洗淨後瀝乾，拖水後過清水
　再瀝乾。

2 免治豬肉加入調味略醃，炒熟後盛起。

3 芫茜及葱分別摘洗乾淨，芫茜切碎，葱切
　粒，備用。

4 鴨蛋拂勻，加少許鹽及油，再拂勻待用。

5 番薯粉置入大碗內，加入清水調勻成粉
　漿，浸片刻攪勻，加入蠔仔、肉碎、芫茜
　碎及葱粒，調好味後拌勻。

6 燒油 3 湯匙，將粉料稍作攪拌後倒入鑊
　內，以大火將粉料煎成餅形及成透明與黏
　稠狀後，在鑊邊加油 1 湯匙，淋上鴨蛋液，
　將鑊打側使蛋液均勻鋪蓋鑊底，大火煎香
　後，灑入少許魚露即成。

Method

1 Baby oyster washed and drained. After blanched, drained again.
2 Season minced pork. Stir-fry till cooked.
3 Coriander, spring onion washed and finely chopped.
4 Eggs beaten. Add a little salt and oil. Beat again.
5 Sweet potato flour mixed well with water in a deep bowl. Stay for a while. Add oysters,
　coriander and spring onion. Season. Blend well.
6 Heat 3 Tbsp oil on wok. Pour in flour mixture. Pan-fry to form a pancake until transparent and
　sticky. Add 1 Tbsp oil along the edge of wok. Pour in beaten eggs. Tilt the wok till eggs evenly
　spread and set. Sizzle in fish sauce. Serve.

🔊 蠔烙 (or lua)

豆腐兩吃
Tofu in Two Styles

小時候吃的豆腐是原件炸熟，然後切件的。韭菜鹽水是獨特的神髓，在打冷店內向「事頭」（老闆）問及此吃法，他即認定我是「潮州妹」◉️。果然是看家，有說寄情於吃，我卻更多是記吃於情。

甜食：黃砂糖

鹹食：韭菜鹽水

小提示

1. 家庭用鑊能放的油不多，故此豆腐最好逐件去炸，以避免油溫突然下降而影響了豆腐的鬆脆度及色澤。

2. 伴韭菜粒的鹽水要用冷開水來做，勿用生水。

材料

潮州豆腐 2件

蘸料

鹹食：韭菜粒 少許
　　　　淡鹽水 適量

甜食：黃砂糖 少許

Ingredients : 2 pieces Chiu Chow tofu
Dipping sauce :
Savoury : a little finely chopped chives, some light salt water
Sweet: a little golden brown sugar

做法

1 豆腐用水沖淨，吸乾水分，靜置片刻，以風乾多餘水分。

2 將豆腐放入熱油內，炸至金黃色，撈起瀝乾油分。

3 將炸好的豆腐上碟，與蘸料同上，趁熱進食，非常美味。

Method

1 Tofu rinsed and absorbed excess water. Let dry.

2 Deep-fry tofu one by one till golden brown. Drain excess oil.

3 Serve hot with dipping sauce.

潮州妹 (dior jiu mue)

薑薯糖水
Ginger Potato in Syrup

兒時，飯桌上的菜之間，總有一鍋用黃糖煮成的西米糊狀（潮州人稱西米為「東京丸」◀）)）之食物，當中夾着片片白色的薑薯。我一放學回家，便從冷冰冰的甜糊內，拿起竹筷挾幾片爽脆冰甜的薑薯入口，便會立時回復精神，可以換校服做功課去也！現在的孩子大多上全日班，一整天的學習怎不累人？如果孩子可在放學回家時有些醒神而有益的小吃，多好！

潮州人的「東京丸」

刨薑薯示範

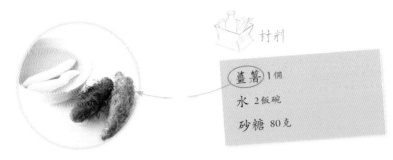

材料

薑薯 1個

水 2飯碗

砂糖 80克

Ingredients : 1 ginger potato, 2 bowls water, 80g sugar

 做法

1 預備清水一大碗,薑薯去皮洗淨後,用瓜菜刨刨成片狀即浸入碗中。

2 將2碗水燒滾,加入砂糖煮熔後,放入薑薯片煮滾,即成。

小提示

薑薯乃泥土下根莖科植物,含豐富微量元素,當中鐵量極多,易氧化變黃,不宜久煮。然其膠質黏體極濃,口感爽滑,味清淡。

Method

1 Ginger potato peeled into slices, soaked in a large bowl of water.

2 Bring 2 bowls water to the boil. Add sugar and ginger potato slices. Serve once reboiled.

◀)) 東京丸 (deng ging hngi)

潮式湯丸

Glutinous Dumplings in Chiu Chow Style

媽媽做的是雙色湯丸糖水,顏色是一白一紅(紅湯丸是用花紅粉,開成桃紅色粉皮),每遇節日,天未亮,便要將一條條搓長了的粉糰切成粒狀,並置於大而平的筲箕內,用濕布蓋着,需用時才煮成糖水丸子。如今我用南瓜茸及紫番薯取色,變化成三色湯丸,材料更天然,更迎合現代飲食潮流。

小提示

1. 南瓜的質地較軟身,可切厚塊蒸熟後,壓成茸,趁熱拌入糯米粉中稍作攪拌,不用加水即能成粉糰。

2. 為使番薯蒸煮時受熱均勻,切片後可用架疊的方式置碟上,以大火蒸10-15分鐘至熟。

3. 三色皮必須用保鮮紙封好,否則很快變乾。

材料

糖水 適量(比例：水250毫升：砂糖50克)

薑 1片

皮料(白)

糯米粉 60克

暖水 75毫升

皮料(橙)

南瓜茸 60克

糯米粉 60克

皮料(紫)

紫番薯茸 60克

糯米粉 60克

暖水 2-3湯匙

Ingredients : proper amount sweet soup (scale: 250ml water, 50g sugar), 1 slice ginger
Dough (white) : 60g glutinous flour, 75ml warm water
Dough (orange) : 60g mashed pumpkin, 60g glutinous flour
Dough (purple) : 60g mashed purple sweet potato, 60g glutinous flour, 2-3 Tbsp warm water

做法

1 南瓜及番薯分別切厚塊蒸熟，壓成茸。

2 將南瓜茸及番薯茸分別與皮料混合，各自搓成粉糰後，用保鮮紙包好備用。

3 將粉糰各自搓成長條狀，再切成幼粒，切的時候留意在木櫈(或砧板)及刀上灑上乾的糯米粉，使湯丸不會黏在一起。湯丸切好後，用濕布蓋好，備用。

4 煮滾一鍋熱水，加入湯丸煮熟，撈起後放入預先煮熱的薑片糖水中，即可享用。

Method

1 Steam sliced pumpkin and sweet potato till cooked. Mash respectively.
2 Mashed ingredients kneaded well with glutinous flour accordingly. Cling wrapped.
3 Roll the dough to form a long stick. Cut into small dices. Flour surface of chopping board and knife blade with glutinous flour to avoid stickiness. Cover dumplings with wet cloth.
4 Bring a pot of water to the boil. Boil dumplings till cooked. Drain and put into hot ginger sweet soup. Serve.

清心丸綠豆爽

Tapioca Jelly Cubes and Mung beans in Sweet Soup

現在做菜比從前方便，很多現成的材料都可以買到。清心丸可於九龍城潮發雜貨店買到。此店前舖銷售，後舖製作各款潮式食材粿物，甚有特色。記得當年在屋邨長大，我們一家也是前舖後居，家人整天也在陌巷中幹活，生活簡單，想來真令人回味。

小提示

1. 綠豆邊不宜浸太久，30分鐘已很足夠了。

2. 要試綠豆邊是否熟透，可以取出少許，用手指按壓，如能壓碎成粉狀，即已熟透。

自製清心丸示範

材料：澄麵10克，木薯粉（又稱泰國生粉）50克，大滾水50毫升，木薯粉20克（後下）

製法：1) 澄麵及木薯粉拌勻，沖入大滾水中攪勻，冷卻備用。

2) 將粉料搓成粉糰拌入後下之木薯粉，搓至不黏手為止，按扁，切成條狀後再切粒。

3) 用滾水把清心丸出水至半透明，撈起浸凍水候用。

材料

清心丸 1/2 飯碗

綠豆邊 1 飯碗

砂糖 80克

水 2 飯碗

Ingredients : 1/2 bowl tapioca jelly cubes, 1 bowl peeled mung beans, 80g granulated sugar, 2 bowls water

 做法

1. 清心丸出水至半透明,置凍水中備用。

2. 綠豆邊放箔箕內,置水喉下沖洗片刻至水變得清澈,再用水浸30分鐘,瀝乾,放入大滾水中,待滾片刻,加蓋、離火,焗15-20分鐘,中途攪拌一次至熟透,撈起瀝乾,待冷候用。

3. 預備糖水,隨意加入適量出了水的清心丸及綠豆爽,煮滾後即可盛到碗中享用。

Method

1. Blanch tapioca jelly cubes till translucent. Place in cold water.

2. Put peeled mung beans in a sieve, rinse thoroughly till water looks clear. Soak for 30 min. Drain. Cook in boiling water for a while. Cover. Remove from heat. Stay for 15-20 min. Stir once in half way. Drain. Let cool.

3. Prepare sweet soup. Put in blanched tapioca jelly cubes and mung beans as desired. Bring to the boil. Serve.

糖燜烏豆
Braised Sweetened Black Beans

媽媽除了愛弄小菜、粿物,更愛弄小吃,我就沒有甚麼是不喜歡吃的。而她所做的潮州小吃當中,我尤愛吃這款糖燜烏豆 ◀ッ。因為它和花生一樣細細粒,很耐吃,所以當我做功課做累了,小休時便會用小手捏一些來吃。燜和炆的分別是燜以小火不加蓋來將食物烹煮,並要經常翻動食物,比炆需要更多注意力和耐心。尤其是以醬油或各式糖類燜煮的食物,較容易黏鍋底,火力更要隨時調校控制得宜。媽媽也有弄過鹹味的烏豆球,用以佐清粥,也是十分美味的。

燜烏豆示範

材料

烏豆 200克	薑 1片
花生 60克	水 4-5飯碗
片糖 80-100克	鹽 少許

Ingredients : 200g black beans, 60g peanuts, 80-100g cane sugar slices,
1 slice ginger, 4-5 bowls water, pinch of salt

做法

1. 烏豆及花生分別洗淨後浸透；片糖切碎備用。

2. 將4-5碗水煮滾，加入薑片及浸透的花生，先煮15分鐘，再加入浸透的烏豆，再煮約30分鐘至軟身。

3. 打開煲蓋，加少許鹽花，炒至收乾水分，灑入片糖碎，不停兜炒至呈糖漬狀，試味後調校甜味的濃度，上碟待涼，便可享用。

小提示

1. 此道烏豆可暖吃、冷吃，建議存放於陰涼處隔天才吃，又或存放冰箱作為利口小食，更為可口。

2. 浸豆的水不宜過多，以免流失烏豆的天然香味；煮豆的水分亦以剛過水面為宜。

3. 相片中豎在烏豆中間的是連皮的薑片，經過糖漬後，入口一試，別有一番意想不到的驚喜，下次製作可考慮多下幾片。

4. 如烏豆已煮軟而未收水的話，可倒起烏豆水留作飲料，然後才加片糖碎。烏豆花生養髮補腎，為天然健康飲料，切忌倒掉浪費了啊。

5. 若用易潔鑊來燜煮食物，每次的分量不宜過多，以防黏底。

Method

1. Black beans and peanuts thoroughly soaked. Cane sugar chopped.

2. Cook peanuts in 4-5 bowls of boiling water for 15 min. Put in black beans. Cook for 30 min till soft.

3. Remove lid. Add a little salt. Sprinkle cane sugar over. Keep stirring till dry and sugar crystallized. Taste. Let cool. Serve.

◄)) 糖燜烏豆 (o dau giu)

葱燒腩肉甜芋頭

Pork Belly and Spring Onion in Sweet Taro Cubes

從前，大姐夫做的甜芋頭是把芋頭切角，用油炸熟，加肥腩肉及糖同炆，和燜烏豆一樣，需站在鑊邊炒炒翻翻，好有派頭。這次我用了生煎芋頭的方法，需時較長，但吃得安心。芋頭要切得工整，成四平八穩的菱形或方形，以便於均勻受熱。油煎芋頭至金黃色及嗅到芋香味時，即已有九成熟，即可加入砂糖。葱粒也是重要食材之一，而腩肉酥軟帶甜，與甜芋頭，相映成趣，別具特色。

小提示

1. 如嫌慢火煎熟芋頭時間太長，將芋頭切成小塊，這樣煎煮會更易熟透。如想更快煮熟芋頭，還有兩個方法，一是改以油炸熟；二是在芋頭件煎成金黃色後，灑入少許水分，用水及蒸氣將芋頭煮軟及吸水後，才加入腩肉及糖同煮。

2. 甜芋頭剛煮好時十分燙口，勿急於進食。

材料

芋頭 200克

熟腩肉 80克

葱粒 2湯匙

砂糖 4-5湯匙

Ingredients : 200g taro, 80g cooked pork belly, 2 Tbsp diced spring onion,
4-5 Tbsp granulated sugar

做法

1. 芋頭去皮洗淨後切件，備用。

2. 熟腩肉切成小件後，用白鑊煎香至呈金黃色，盛起待用。

3. 原鑊加入芋頭件，利用腩肉滲出的油分，煎香芋頭，間中兜炒，用慢火生煎芋頭至熟。

4. 將腩肉回鑊與芋頭同炒，並加入砂糖，轉中火兜炒至糖熔化及呈金黃色，下油 1/2 湯匙，灑上葱粒，炒勻後上碟，熱食。

Method

1. Taro peeled and diced.

2. Pork belly cut into pieces, pan-fried on plain wok till golden brown. Set aside.

3. With the same wok and oil from pork belly, stir-fry taro over low heat occasionally till cooked.

4. Stir-fry pork belly together with taro. Add sugar. Switch to medium heat till sugar crystallized and golden brown. Pour in 1/2 Tbsp oil. Sprinkle diced spring onion over. Stir well. Serve.

白果芋泥
Taro Purée with Ginkgo

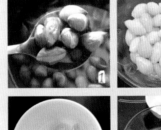

若不用半點豬油來烹煮芋泥，食味果然會截然不同。自家製，甜與淡、稀與稠可任意調校，太甜太膩則不合宜。如想忠於傳統，可用點豬油來製作，這樣便能吃出這道經典潮州美食的精髓。

白果去衣後去芯。

小提示

芋茸製作示範

將芋泥攤涼，置入冰箱中冷凍一天，或於烹煮時少放點水分，便可取代豆沙作餡料，做炸油粿時使用(如本頁頁頂完成圖)。

芋茸製法如下：

1. 芋頭去皮，切成厚片，置碟上平鋪，互相架疊起，使其能平均受熱。

2. 用大火蒸芋頭約20-25分鐘至熟，趁熱用叉壓成芋茸，可加入少許鹽，以作吊味。

芋頭蒸熟後壓成茸。

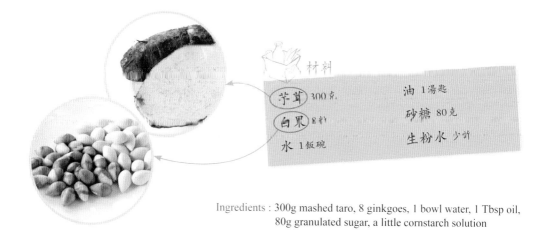

材料

芋茸 300克
白果 8粒
水 1飯碗

油 1湯匙
砂糖 80克
生粉水 少許

Ingredients : 300g mashed taro, 8 ginkgoes, 1 bowl water, 1 Tbsp oil,
80g granulated sugar, a little cornstarch solution

 做法

1. 白果去殼取肉，放滾水內煮1-2分鐘至薄衣裂開，取出趁熱去衣，再用中火焓20-25分鐘至熟，開邊去芯，沖淨候用。

2. 燒水1飯碗，加入油及砂糖煮至糖溶化，加入芋茸拌勻，用小火炒成香滑甜度適中的芋泥，加入白果肉拌勻煮片刻，上碟。

3. 生粉水煮稠至呈透明狀，加入少許油，以增加光澤，拌勻淋在芋泥上，趁熱進食。

Method

1. Gingkoes shelled, cooked in boiling water for 1-2 min till thin skin split. Remove skins. Cook over medium heat for 20-25 min till cooked. Cut into halves. Cored. Rinse.

2. Bring a bowl of water to the boil. Add oil and sugar. Once sugar dissolved, stir in mashed taro. Stir-fry over low heat till smooth. Add gingko pulps. Blend well. Serve.

3. Cook cornstarch solution till transparent. Add some oil for a shine outcome. Blend well. Pour over taro purée. Serve hot.

炸紅薯

Deep-fried Red Sweet Potatoes

每次攪打炸漿時，都會想起小時候二哥在天還沒亮時便協助媽媽準備各式材料，包括番薯片、芋頭片、蘿蔔絲，然後往家附近的屋邨長樓梯下「擺檔」。他揹起左右各一個特製的長箱，一邊放材料，一邊放炸爐及炸鍋，在街頭小吃成行成市的當年，大小行人路過都被惹起吃的念頭。

不過，街頭擺檔，有樂也有苦。二哥跟我説過，當年才十多歲的他曾經有一次從「雞寮」即現今的觀塘翠屏邨，把一大桶紅豆沙抬到秀茂坪叫賣，但竟然一碗也賣不出，結果要把滿滿的紅豆沙挑回來。當年家裏孩子多，若不是靠年長的兄姊幫忙分擔家事，與父母一起打拼，為口奔馳，那來養活全家人？

炸紅薯示範

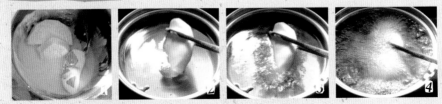

材料

紅肉番薯 300克

脆漿材料

麵粉 100克

發粉 1/2茶匙

鹽 少許

雞蛋 1隻

凍水 100毫升

Ingredients : 300g red sweet potatoes
Batter ingredients : 100g plain flour, 1/2 tsp baking powder, pinch of salt, 1 egg, 100 ml cold water

 做法

1 紅肉番薯去皮，洗淨後抹乾，切厚片。

2 將脆漿材料中的麵粉、發粉及鹽用篩篩勻，放入大碗中，加入雞蛋，再慢慢加入凍水，用木匙不停攪拌，以防粉粒形成。攪至幼滑，靜置片刻。

3 將紅薯厚片放入脆漿中拌勻，轉置熱油內炸至金黃色及薯香軟熟，瀝去油分，即可食用。

Method

1 Sweet potatoes peeled, thickly sliced.

2 Sift plain flour, baking powder and salt. Put in a large bowl. Add egg. Gradually add water, keep on blending with a wooden spatula to avoid lumps. Blend well till smooth. Set aside for a while.

3 Dip sweet potato slices into batter. Deep-fry in hot oil till golden brown and tender. Drain excess oil. Serve.

小提示

用木筷子測試油溫，如果有氣泡冒出來，即是油的熱度已可作炸物用。

潮州食材

我小時候愛在家中的米舖旁看做麵直（叔）用一個大桶來炸伊麵。還有另一個阿直在他的檔口，即席做手造牛丸，捏好的一球球牛丸，放進一大鍋滾水中定型。也有一檔賣韭菜、豬紅、豬腸的，他們一碗碗的賣出去，加點潮州辣椒油，十分惹味，想起也垂涎欲滴。我就是在這些左鄰右里的手作食物中成長的，這些街頭小吃文化，已經因衛生關係，不常在街頭看到了。

當年阿直做的牛丸，做出來的外型大概也如此的呢！

潮州菜不花巧、真材實料的個性，實在值得向大家推廣和分享，希望大家也認識到潮州菜的優點，在品嚐這富有直率個性的飲食文化的同時，也能夠好好享受，好好細味箇中的好滋味吧！

一、潮州鹹雜

麻葉 (mua hior)

鹹蟹 (mbi hui)

菜脯

熟盆魚(又稱魚飯)(sik bua hu)

鹹菜(gium cai)

鹹司蛤 (gium hum)

熟盆魚(又稱魚飯)(sik bua hu)

鹹牙帶魚(dua hu)

巴浪魚(ba lang hu)

薄殼肉 (bor kug)

來哥魚 (ng gor hu)

白飯魚

馬友(ngou hu)

二、現成潮州食材

老葯桔(lao hier ng)

左：去殼白果(be gue)
右：去皮薑薯(gieur zhu)

鹹南薑欖(gium num giuer na)

青橄欖(cie ga na)

清心丸(sou siug ngi)

灶頭肉(jor tau nik)
即熟五花腩肉

三、現成粿物

殼桃粿(kuk tor gue)

韭菜粿(gu cai gue)

椰菜(gor le)及芋頭(oh)粿

油粿(yiu gue)

福包(潮音為「發粿」
huug gue)

四、潮州打冷店常見菜式

各式小菜

各式鹹雜

乾煎牙帶

凍大眼雞

凍烏頭 (oh hu)

豉椒蜆仔肉

黃豆涼瓜排骨

火腩春菜

潮式豆腐

潮州打冷三寶：
凍烏頭、凍蟹、凍大眼雞

家傳良方

一、阿媽食療

1. 益母草

　　益母草行氣活血，袪瘀調經，媽媽見女兒若有經痛情況，就會以益母草做食療。

乾益母草

（1）益母草（鮮）煎蛋
- 新鮮的益母草洗淨，加蛋液同煎成蛋餅即成。

（2）益母草（乾）雞蛋糖水
- 乾的益母草洗淨後加水，煲至出味，隔渣留水，煮滾後加入熟蛋及冰糖即可。
- 又或把雞蛋洗淨，與乾益母草水同炖，去殼後放回糖水中亦可。

2. 老菜脯冬瓜水

　　如果告知媽媽自己的腸胃飽飽滯滯時，她就會做這道冬瓜水給我喝，喝後很快見效。
- 老菜脯及冬瓜切片，加水煲 15-20 分鐘即成。

老菜脯

3. 釀糯米酒食譜

小時候，常見媽媽揭起紗布測試糯米酒發酵的情況，見酒味適當，便吩咐我們各姊妹自行試味。

在冰冷的冬季，吃了糯米酒，全身都會暖笠笠的，好不舒服。

酒粬 / 酒餅 (jiu bia)

- 酒餅(酒粬)一小包碾碎成粉末，灑在已熟的糯米飯(降溫至32℃-35℃)上，蓋上薄紗布，保存3-4天。
- 糯米與酒粬的比例，包裝上有説明供讀者參考，或雜貨店的老闆都有教路。不同牌子的酒餅，用量各有差異。

4. 青橄欖煲豬粉腸

具止咳功效。

- 將6-8粒青欖用布包着，用菜刀拍鬆，使其出味。
- 豬粉腸洗淨，剪去油膏，出水後與拍鬆的青欖齊水煲20-30分鐘，即可隔渣飲用。
- 焓好的豬粉腸可切段用作小吃。

青橄欖 (cie ga na)

5. 老藥桔 (lao hier ng)

老藥桔可舒緩喉嚨不適，用法簡單。在許多潮州家庭中，都會有一瓶「看門口」。

- 用少量老藥桔直接用熱水泡開，即可飲用。

老藥桔

二、大家姐的凍烏頭

大家姐經常要陪大姐夫往泰國探訪當地的親人，多年來，她都習慣在家弄上十多條凍烏頭，用行李箱包裝好當作探親手信。所以我稱她為「烏頭專家」，每次說起烏頭魚，聽她「老人家」娓娓道來，說的精采，聽的入神：

大家姐的烏頭魚手信

1. 揀魚

- 選擇烏頭時，要留意揀選魚身又直又長的。

- 魚肚不要太肥，魚鱗不要呈灰灰黑黑的，也不要選魚嘴有粉紅色幼紋的，因為這些都不好吃。

- 購買時，自行劏魚的話，做出來的品質會更有保證。

2. 洗魚

- 烏頭買回來後，不要打鱗，用剪刀剪開魚肚至魚的肛門位置，留起魚扣，其餘內臟取出棄掉。

- 用湯匙刮魚肚（以免弄傷雙手），把所有黑色衣膜去清。

- 洗淨後，抹乾魚身，用粗鹽將魚身裏裏外外、上上下下按摩，放

箐箕內靜置片刻，置水喉下沖去鹽分後抹乾。

3. 醃魚

- 用幼鹽抹於魚身，以保鮮味。

- 另在魚肚內及魚背上各放薑兩片，醃 1.5-2 小時。

4. 蒸魚

- 以大火將烏頭蒸熟，轉碟後攤凍，魚水要清掉。

- 最後在魚身內外掃上一層熟油，待魚完全冷卻後入冰箱內冷藏。

- 此魚可存放四至五天，也不失鮮味。又或放到冰箱冷凍格內冷藏數星期，解凍後，即可去皮享用。

潮州茶文化

潮州人（dior jiu nun）都離不開潮州茶，很多時街坊鄰里之間探訪，都會泡上一盅潮州茶，一邊喝茶（jia de），一邊天南地北風花雪月彼此問好。

我的四叔（阿直）在九龍城開茶莊，三代人共同奮鬥了五十年，那天去探訪，剛好阿直有事外出，兒子陳政健（Michael）示範了潮州泡茶技巧予我和主編看，在這兒和大家分享分享。

要泡潮州茶，得用上泡茶四寶：茶盅（又稱蓋碗）、茶杯、煮水器及水壺。

潮州茶選用鐵觀音茶葉，上等的茶葉可以有七泡（即泡七次），講究的話在沖泡前，會將茶葉分成幼、中、粗三個級別；最幼的茶葉放底，然後依次把最粗大的茶葉放最上，目的是讓最底的小茶葉出味道，最面的大茶葉出香味。

泡茶時，緊記幾件事，排杯時不要打成直行，因為這是放在神檯上才有的擺法；和親友品茗，要圍半圈，這樣才合禮儀。茶盅放上茶葉，水滾開後第一泡茶只用作泡洗茶具用。

隨後的一泡茶開首的水也倒掉少許才倒入杯中，如果初學泡茶，不妨多用一隻公道杯，把泡好的茶全倒進去，再把茶分到茶杯中。用公道杯的好處是倒茶的份量及茶的濃淡較易控制，這樣大家喝的茶便不會一杯多一杯少，一杯濃一杯淡，你説這個做法多公道！

當然，泡茶多了便成高手，高手除了不用公道杯，已經可以公公道道地斟出好茶外，也會將茶盅分八份泡茶，按着一邊入水一邊出茶的方式泡茶，務求使各部分的茶葉都泡出味來。

阿直經營的茶莊，已經有半個世紀的歷史了。

高手泡茶，心中有數
將茶盅分成八份，一邊加入熱水，另一邊倒出茶來，順着一個方向轉動，沖八次。不是高手，也難於控制到這種泡茶技巧吧！

來講潮州話

讀者可使用本附錄提供的 QR CODE 收看潮語示範短片。但由於潮州縣多，各處鄉村各處鄉音，音調有所差異，所以本書的潮語只用粵音標示而沒有配上聲調，謹供閱讀的趣味和參考，敬請垂注。

本書提到的潮州話，都按筆劃序收錄在下表中。

巴浪魚	ba lang hu	殼桃粿	kuk tor gue
方魚	ti bow	粥水	mue um
白食	be jia	菜脯	cai bou
老藥桔	lao hier ng	菜頭丸	cai tau hngi
自己人	ga gi nun	黑豆球	oh dau giu
牙帶魚	dua hu	椰菜	gor le
灶頭肉	jor tau nik	筲箕	tai gia
芋頭	oh	韭菜粿	gu cai gue
豆仁(花生)	dau zin	福包	huug gue
來哥魚	nar gor hu	潮州人	dior jiu nun
東京丸(西米)	deng ging hngi	潮州妹	dior jiu mue
油粿	yiu gue	熟盆魚	sik bua hu
芥蘭條	gar na bou	豬油渣	lar por
青橄欖	cie ga na	薄殼肉	bor kug
春菜煲	kor cai	鯽魚鮭	jic hu gui
烏頭	oh hu	蠔烙	or lua
馬友	ngou hu	鹹司蛤	gium hum
做生意(做生理)	zuo sing li	鹹南薑欖	gium nam giuer na
兜麵條	dau mi diao	鹹菜	gium cai
清心丸	sou siug ngi	鹹蟹	mbi hui
軟烙粿	da lua gue	麵線	mi tiao
麻葉	mua hior	蘿蔔	cai tau
喝茶(飲茶)	jia de		

潮人潮語

常用語	
幾多	jor zui
吃飽	jia ba
肚餓	dou（都）kun
睡了	ngi
不用了（免）	mian
好的	ho
不要	mai
落雨	lor hou
日頭	jik tau
早	za
晚	me

量詞	
一杯茶	jik bue de
一碟	jik di
一碗	jik wnga
一個	jik gai
一隻	jik zia
一雙	jik saan
一粒	jik liup
一張	jik diue
一桶	jik teng

身體部位	
手	ciu（超）
腳	ka
眼	mug（乜）
耳	hih
嘴	cui
鼻	piin
面	min
額	hiar
背脊	ba jia
頸	um
肩頭	gaing tau

數字	
一	jik
二	nor
三	sa
四	xi
五	ngo
六	luc
七	qic
八	beru
九	gau
十	zup
十一	zup yic
十二	zup zi
十三	zup sa
二十	zi zup
一百	jik be

人稱	
我	wa
你	lu
佢	yi（兒）
佢嘅	yi gai
我嘅	wa gai
爸爸	阿 be
媽媽	阿 ma
哥哥	阿 hiar
姊姊	阿 ji
弟弟	阿 di
妹妹	阿 mue
外祖父／祖父	阿 gong
外祖母／祖母	阿 mar
嬸嬸	阿 mng
叔叔	阿 jig（直）
自己	ga gi

動詞常用語	
行	gia
去	ku
來	lai
拿	keur
起來	ki lai
拿走	keur ku
回來	duin lai
走	zou（走）
過來	gue lai
不要走	mai zou
給我	ki wa
給你	ki lu

常用烹調用語	
碗	wnga
碟	dic
筷子（箸）	du
窩子（煲）	wie
杯	bue
鑊（鼎）	diar
粥	mue
飯	boon
麵	mi
麵線	mi tiao
粿	gue
菜	cai
肉	nik
魚	hu
湯	tng
水	zhui
鹽	yaam
糖	tng
胡椒	hau（號）juer
胡椒粉（末）	hau juer buar
油	yiu
斤	gin
兩	nue
湯匙	tng xi
湯碗	wnga gong（碗公）
箸箕	tai giar
飯勺	boon gue

媽媽的潮州歌謠

搖舖船

叫緩緩

大仔喊愛衫

細仔喊愛裙

爹呀爹，我愛犁耙耕水車

我愛珍珠珠銀喔呀喔

我愛雙傭隨我行

爸現說給子弟聽

你媽當初沒這個

黑裙下破白裙補

面布曚頭呢隨爹來……

後記 我看潮州人・情・味

潮州・人

媽媽很愛清潔、講衛生，她經常吩咐我燒一鑊滾水，把洗完的廚布放進鑊裏焓一焓，定期消毒。她教落，洗完碗碟洗抹乾淨後要反轉疊起，放在大箸箕內，再用大炊布蓋好。使用碗碟筷子匙羹前要用熱水燙一燙。有菜餚吃剩了，她晚上必定把它煮滾燒熱，攤涼蓋好了，才受寢作息。家中大小事宜，柴米油鹽，她都一一擔當管理。幸好兒女都乖巧，年長的兄姊（尤其大家姐及二哥）協助照顧年幼的妹妹。

至於我的二哥就像一位嚴父，他對我們三個小妹看管甚嚴，總是不准這樣，不許那樣；小時候，我們幾個都很怕他。及至我們長大，行為操守變得成熟了，他又變得和善親切，對我們更是愛護有加。二哥顧家，少時替爸打理米舖生理（生意）、騎單車送貨、替人打工、幫媽媽弄麵漿、愛父母所愛的。我家由米舖轉營藥店，不經不覺已三十年，今天二哥已成了數家中西藥房的老闆，在生理上對姨甥們不斷提攜，對兄姊妹妹、侄兒侄孫、自己的妻兒、我們一家……數十口人，無一不關顧入微。媽媽生前的起居、身體護理、藥物安排，以致到醫院例行檢查覆診，一一由二哥打點。二哥是我們一家之主，孝道、禮儀、情義兼備，是我永遠的模範，二哥，我敬重您。

我們幾個小妹有爸媽及眾兄長在前，大姊和長兄年紀小小便挑起扶老攜幼持家的責任，他們也幫忙賺錢養家，以使我家幾個後生後養的，能在

爸媽及兄姊的福蔭下成長，前人栽樹，後人遮蔭，心裏盡是感恩。

　　每個人的成長都是始於家庭的，家是孩子第一個學習的場所，父母和長輩是孩子的啟蒙老師。期盼大家的大小家庭，都能在這日新月異、變化萬千的社會環境下，能把孝悌兩存（父慈子孝、兄友弟恭）、長幼有序的家庭文化繼續演譯下去。

潮州‧情

　　自小在米舖成長，見爸爸除忙於打理店務時，對兩位兄長立言立品的教導特別苛嚴，整潔、守時及誠信是爸爸對他們最鮮明的要求。可喜的是，今天二哥作為數所中西藥店的老闆，都秉持了爸爸潛移默化的教誨。其中一句的生意經「人長交、數短結」意思是：與人交往是長遠的，付帳予人就要快一點，有得人恩果千年記的含意。

生意要勤緊，買賣要隨時
賒欠要識人，貨色要面驗
接納要謙和，議價要訂明
貨物要修整，賬目要稽查
用度要節儉，出入要謹慎
錢財要明譜，用人要方正
優劣要分別，期限要約定
臨事要責任，主心要安靜

剛好到茗香找阿直請教時，看到茗香店內也掛着有三十多年歷史，是爸爸遠從越南送來的「生意經」，當中包含了對人要有情，對事要分明的人生道理，也在上頁和大家分享。

除了對家人，二哥對工作上的夥伴、姨甥們及下屬等都體察入微，將爸爸的生意經延伸於做人方面，終身受用。教育無處不在，米舖生意的智慧裏，後人都承傳了傳統和美好的價值原則。

向阿直請教潮州字音時，他出動了那古舊的潮語字典，可見他處事認真的作風。

潮州 • 味

「你來我家吃茶，我當你家食糜（粥）」是潮州人典型的生活，習慣清茶淡粥，習慣在飯桌上找點甚麼來裹腹，習慣從廚房灶頭、飯桌當中，跟媽媽學習做人道理。縱使家家有本難唸的經，但建立品格、家庭的價值觀和傳統的傳承，卻從不會少。有時說話或辛辣，或苦澀，不易聽進去；有時又溫馨地哼唱歌謠，學着手藝……我就是在這濃濃的潮州氣味中成長和被教育的。

味道繫於人心，人心不離情意。縱使有些味道遠去，有些人離開，但濃厚的情意，根深柢固的思想，無論如何面對社會轉變的衝擊，有些事情還是不會改變的。

期盼本書內容能拋磚引玉，得到讀者的共鳴。簡單祝願大家：身、心、靈健康、家庭幸福！

陳粉玉